城市住宅区

植物景观设计实例完全图解

Complete Illustration Of Plant Landscape Design

本书编委会 编著

高亦珂 主审

随着国家大力发展城市景观，植物在环境绿化中的作用也日益明显。植物景观设计是具有生命和活力的二次创造的过程，用具有生命的植物来搭配和装点硬质景观已经成为一种流行趋势，植物景观设计也成为城市绿化工程的重要环节。

本系列丛书按照不同的空间性质分为城市公共空间、城市住宅区和私家庭院3本，不同的空间性质所营造的氛围和需要达到的效果是不一样的。本书针对当下流行和比较成熟的城市住宅区景观设计案例，介绍各种植物设计节点的乔木、灌木、地被配置特点，分析各类型园林中常用景观植物的生态学和应用特性。

本书是景观及相关专业师生的教学辅助用书，也是景观设计师所需的植物景观设计素材实例一手资料，更可以为项目决策者和业主提供参考。

图书在版编目(CIP)数据

城市住宅区植物景观设计实例完全图解 / 《城市住宅区植物景观设计实例完全图解》编委会编著. --北京 : 机械工业出版社,2016.7
（绿+设计系列丛书）
ISBN 978-7-111-54078-6

Ⅰ. ①城… Ⅱ.①城… Ⅲ. ①城市-居住区-园林植物-景观设计-图解 Ⅳ. ①TU986.2-64

中国版本图书馆CIP数据核字(2016)第141062号

机械工业出版社（北京市百万庄大街22号　邮政编码100037）
策划编辑：时　颂　　责任编辑：时　颂
责任校对：白秀君　　封面设计：陈秋娣
责任印制：乔　宇

保定市中画美凯印刷有限公司印刷
2016年7月第1版 第1次印刷
210 mm×285 mm・10印张・246千字
标准书号：ISBN 978-7-111-54078-6
定价：65.00元

凡购本书，如有缺页、倒页、脱页，由本社发行部调换

电话服务
服务咨询热线：010-88361066
读者购书热线：010-68326294
010-88379203

网络服务
机工官网：www.cmpbook.com
机工官博：weibo.com/cmp1952
金 书 网：www.golden-book.com
教育服务网：www.cmpedu.com

PREFACE

居住区景观设计以居住者为服务对象，以方便居住者生活并为其营造一个舒适安宁的户外空间为目的。

居住区景观设计的要点是建筑规划、道路的布置、水系和植物的分布，它们构成了景观的总体。其中居住区环境设计成功的关键在于植物的合理选择与配置，使人工造景与原有的自然景观形成优美的组合空间及不同风格与造型的景观点。

居住区中除少数别墅区外大都居住着密集的人口，而且人们更愿意居住在富氧的环境中。植物尤其是乔木能够通过光合作用将二氧化碳转变为氧气，因此居住区植物的配置原则是绿化胜美化，区内应有足够的乔木量。如果条件允许，应是庭院森森、芳草萋萋的景观效果。草地是用来调节疏密与视觉效果、创造出丰富的场地活动空间的，因此不宜大量使用。在植物的选择上应尽量地选择本地、抗性好的品种，外来植物和珍贵树种仅用在突出特殊景观效果及重要展示的地方。在条件准许的情况下可选用多种芳香植物以营造在视觉、嗅觉上令人愉悦的环境。注意不要种植有毒或污染性强的植物。

景观植物可分为乔木、灌木、花卉、地被、草坪、藤本植物、水生植物等种类。植物配置应有层次感，讲究高、中、低搭配。按植物的色彩、花果期及时序来组成安静、统一、色彩丰富、四季有景的植物环境。特殊花形、叶形、果形的植物集中布置，可以产生震撼的景观效果。在居住区的植物配置中，依据景观设计的主题可以创造出大树森林、混交森林、生态密林等气势磅礴的景观感觉，也可以创造出“桃红柳绿”的特色景观。独景树、丛植、群植、列植的使用，可以创造出不同的景观感觉。

在居住区的公共绿化区、专用绿化地、道路绿化地、宅旁绿化地及别墅绿化地应配置不同的植物，以达到不同的艺术效果。

传统古典的植物配置形成是长期积累与总结出来的，是居住区植物设计的基础。创新是人类发展的永恒追求，是人类在过去积累的经验知识及艺术观的基础上做出的新的尝试与创造。我们的景观师在植物配置中吸收了现代艺术流派的元素，进行了新的创造；又吸收了西班牙、东南亚园林中植物设计的精华与本地的景观设计与植物配置结合起来，创造出各种新潮流的植物设计与配置。

当您仔细地阅读与品位本书时，您将得到新的启迪与收获。

——柏涛顾问技术总监　彭应运

城市住宅区

Contents

前言

第一章　景观植物类别

景观植物是指应用于绿化、美化城市环境和乡村环境的植物。它们形态千变万化，色彩缤纷多彩，种类多不胜数，却有一个相同的特点，那就是对环境美化具有较高的价值。有的植物通过颜色，有的植物通过形态，有的植物通过香味，为营造一个舒适、美丽的环境奉献出其宝贵的价值。景观植物通过体量形态可以分为乔木植物、灌木植物、草本花卉植物、藤本植物、草坪及地被植物等；通过其观赏部位，又可以分为观花植物、观叶植物、观果植物、香料植物等。景观植物因为种类繁多、数量庞大、特点丰富，依据不同的标准可以分为多种类型。这里仅根据一般分类标准，详细介绍乔木、灌木等5个类别的园林植物。

第一节　乔木植物

◉ 定义：乔木是指树身高大的树木，由根部发出独立的主干，树干和树冠有明显区分。有一个直立主干，通常高度达到6m至数十米的木本植物称为乔木。其往往树体高大，具有明显的高大主干。又可依其高度而分为伟乔（31m以上）、大乔（21 ~ 30m）、中乔（11 ~ 20m）、小乔（6 ~ 10m）四个等级。

◉ 形态：乔木植物一般比较高大，其主干突出，树形高大，常见自然树形有伞状树形、广卵树形、塔状树形、扁头树形等。根据园林绿化的需要，也会有一些人工修剪的树形。

◉ 类型：常绿乔木与落叶乔木，针叶乔木与阔叶乔木等。

1. 常绿乔木与落叶乔木

◉ 常绿乔木：是指终年具有绿叶且株形较大的木本植物，这类植物叶的寿命是两年或更长时间，而且每年都有新叶长出，在新叶长出的时候也有部分旧叶脱落。由于是陆续更新，所以终年能够保持常绿。常绿乔木由于其终年常绿，叶色鲜艳，与其他类型植物搭配栽植具有较高的观赏价值，是绿化和美化环境的主体植物。

因地域、气候等因素的不同，不同地方的常绿乔木也不尽相同，下表简单列举几种常见的常绿乔木。

序号	植物名称 科、属	植物习性	配置手法	色彩	观赏期
1	油杉 松科 油杉属	阳性树种，喜光，喜暖湿气候，夏季需短期遮荫，耐干旱、瘠薄	可于寺庙或风景区栽植	绿色	全年
2	大叶南洋杉 南洋杉科 南洋杉属	不耐寒	可孤植或列植于公园及风景区	绿色	全年
3	马尾松 松科 松属	阳性树种，喜光，喜温暖气候，不耐盐碱，怕水涝	适合在庭院中、凉亭旁或假山之间孤植	绿色	全年
4	樟树 樟科 樟属	喜光，喜温暖，稍耐荫，不太耐寒，较耐水湿，不耐干旱、瘠薄和盐碱土	较常用作行道树，树形优美，可孤植于草坪，可配植于水边、池边，也可在草地中丛植、群植、孤植或作为背景树	绿色	全年
5	柠檬桉 桃金娘科 桉树属	阳性树种，喜光，喜温暖湿润气候，耐干旱	可列植于庭前或栽植在公园、风景区等地	绿色	全年
6	白千层 桃金娘科 白千层属	阴性树种，喜温暖潮湿环境，耐干旱、高温及瘠薄	可作屏障树或行道树，也可栽植于公园	绿色，花盛开时为白色	全年

（续）

序号	植物名称 科、属	植物习性	配置手法	色彩	观赏期
7	垂枝红千层 桃金娘科 红千层属	中性树种，日照充足时生长更茂盛，耐热、耐旱、耐荫，大树不易移植	可用作行道树栽植于路旁，也可作为观赏树栽植于小区和公园内。搭配灌木，效果更佳	绿色，花盛开时为绯红色	全年 花期 5～9月
8	蒲桃 桃金娘科 蒲桃属	热带树种，喜温暖气候，耐水湿	可栽植于水边，也可栽植于公园或小区内作观赏树	绿色	全年
9	秋枫 大戟科 秋枫属	喜阳、喜温暖气候，稍耐荫，较耐水湿	适宜作庭院树和行道树种植，也可以在草坪、湖畔等地栽植，景观效果较好	绿色	全年
10	台湾相思树 含羞草科 金合欢属	喜温暖气候，喜光，对土壤要求不高，较耐瘠薄、干旱，耐半荫	可列植，用作道路绿化。大树可孤植于庭院，景观效果佳	绿色，盛花期时花色为金黄色	全年
11	雪松 松科 雪松属	喜阳光充足的环境，喜温和凉爽的气候，稍耐荫	雪松是世界著名的庭院观赏树种之一，树形高大挺拔优美，四季常青，适宜孤植于草坪中央，也可对植、列植于广场和主体建筑物旁	绿色	全年
12	华北云杉 松科 云杉属	喜温凉气候，喜湿润肥沃土壤，耐荫，适应性较强	华北云杉又被称为青扦，是常绿树种。华北云杉对环境的适应性较强，树形又美观，树冠茂密，是园林绿化的优良树种之一	绿色	全年
13	罗汉松 罗汉松科 罗汉松属	喜温暖湿润气候，耐寒性弱，耐荫，对土壤适应性强	树形优美，是孤赏树、庭院树的好选择。可在门前对植，或者孤植于中庭，也可与假山、湖石搭配种植，同时也是优良的盆栽材料	绿色	全年
14	白皮松 松科 松属	喜光树种，喜温凉气候，喜肥沃深厚的土层，耐瘠薄和干冷，是中国特有树种	白皮松是常绿针叶树种，老树树皮灰白色，其树干色彩和形态比较有特色，树形优美，是美化园林的优良树种之一。白皮松在园林绿化中的应用比较广泛，可以孤植于庭院或草坪中央，也可以对植于门前，丛植片植成林，或者列植于城市道路两旁作为行道树种	绿色	全年
15	龙柏 柏科 圆柏属	喜阳，喜温暖湿润的环境，稍耐荫，耐干旱，忌积水	可孤植、列植或群植于庭院，由于其耐修剪，可经整形修剪成圆球形、半球形等各式形状后栽植	绿色	全年
16	油松 松科 松属	阳性树种，喜光，喜排水良好的深厚土层，耐寒，抗风，抗瘠薄，是中国特有树种	油松为常绿针叶树种，树形挺拔高大，适宜栽植在道路两旁作为行道树种	绿色	全年
17	五针松 松科 松属	喜光，喜温暖湿润的环境，不耐积水	五针松植株较低矮，树形优美、古朴，姿态有韵味，也是制作盆景的良好材料	绿色	全年
18	侧柏 柏科 侧柏属	喜光，对环境的适应能力强，对土壤的要求不高，较耐荫，耐干旱瘠薄，耐高温，稍耐寒	侧柏为常绿树种，也是北京市的市树，寿命长，常有百年侧柏古树，观赏及文化价值较高。侧柏在中式造园中有着重要的作用和地位。可栽植于凉亭旁、假山后、大门两侧、花坛和墙边。配植于草坪、林下和山石间可以增加景观绿化的层次，颇具美感	绿色	全年
19	女贞 木犀科 女贞属	喜光，喜温暖湿润气候，耐寒，耐荫，耐水湿	女贞四季常青，枝繁叶茂，可孤植、丛植于庭院，也可做行道树栽植于道路两旁	绿色	全年
20	圆柏 柏科 圆柏属	喜光，喜温凉气候，喜湿润深厚的土层，耐寒，耐热，稍耐荫	圆柏树形优美，姿态奇特，是中国园林造景中常用的常绿树种之一。因为其耐修剪，所以常修剪整齐作为绿篱使用。配植在古庙、古寺中更有意境，也可群植于草坪边缘或建筑物附近	绿色	全年

白千层

垂枝红千层

蒲桃

华北云杉

圆柏

◉ 落叶乔木：是指因为植物习性，到每年的秋季或者冬季的时候，叶片凋零落下，春季又萌发新叶的木本植物。落叶乔木是因为为了适应秋冬季节或者干旱季节雨水减少、气温寒冷的环境，通过落叶而达到减少植物叶片的蒸腾作用。

因地域、气候等因素的不同，不同地方的落叶乔木也不尽相同，下表列举几种常见的落叶乔木。

序号	植物名称 科、属	植物习性	配置手法	色彩	观赏期
1	水杉 杉科 水杉属	喜光，喜温暖湿润气候，耐寒性强，耐水湿能力强，不耐干旱和贫瘠	水杉树形挺拔，适于列植、片植或丛植于堤岸、水边，也可用于庭院内绿化，景观效果佳	绿色，秋天叶色变金黄	2 ~ 10月
2	银杏 银杏科 银杏属	阳性树种，喜光，较耐干旱，不耐积水	树形独特，叶形独特，秋叶金黄，是很好的庭院树和行道树。可孤植、列植、片植或群植于庭院、景区和公园内。与桂花树一同栽植，可营造秋季观色闻香的景观意境	绿色，秋叶金黄色	3 ~ 11月
3	三球悬铃木 悬铃木科 悬铃木属	喜光，喜温暖湿润气候，喜排水良好的土壤，较耐寒	三球悬铃木又称为法桐，树形优美，树干高大，枝繁叶茂且耐修剪，是优良的行道树种和庭荫树种。可栽植于城市道路两旁作行道树，也可孤植于草坪或空旷地带	绿色，秋叶黄色	全年
4	国槐 豆科 槐属	喜光，稍耐荫，耐干旱、瘠薄，对土壤要求不高	国槐枝叶茂盛，树形威武挺拔，在北方地区常用作行道树种和景观项目的框架树种，也可栽植于公园草坪和空旷地带，孤植、列植和丛植效果均不错	绿色，花黄色	3 ~ 8月
5	白蜡 木犀科 白蜡属	喜光，喜深厚肥沃的土层，耐水湿	白蜡树干笔直，树形优美，枝叶繁密，生长期时，叶片浓绿；进入秋季，叶色转黄，是比较优良的庭院树种、行道树种，可与常绿树种一同配植于庭院和公园，也可列植于道路两旁做行道树	绿色，秋叶橙 黄色	3 ~ 10月
6	七叶树 七叶树科 七叶树属	喜光，喜深厚肥沃土层，稍耐荫，不耐严寒，不耐干热气候	七叶树树干通直笔挺，叶片宽大，冠大荫浓。初夏时节，满树繁花，是著名的观赏树种，与常绿乔木配植效果不错。可列植、群植于道路两旁、公园以及广场内。七叶树在中国有着不一样的文化含义，因为其与佛教有着较深的渊源，一般名寺古刹内会栽植年代久远的七叶树。与佛教文化有关或古寺等地维护和景观塑造的项目中，可以选用七叶树、菩提树以及娑罗树等植物作为绿化造景树种	叶绿色，花白色	4 ~ 10月

（续）

序号	植物名称 科、属	植物习性	配置手法	色彩	观赏期
7	枫树 槭树科 槭树属	喜阳光充足的环境，喜排水良好的酸性土壤	枫树树形高大，姿态优美，是观赏性很强的园林树种。枫叶深秋易色，群片栽植，秋景极美	秋叶深红色	12月至次年1月
8	合欢 豆科 合欢属	喜光，喜温暖且阳光充足的气候，耐寒，耐旱，耐瘠薄	合欢树形较高大，叶片羽状，秀丽翠绿，粉色头状花序酷似绒球，美丽可爱，是优良的园林观赏植物，也可栽植人行道两旁或车行道分隔带内，夏季绒花盛开，景观效果极佳	叶绿色，花粉色	6～8月
9	新疆杨 杨柳科 杨属	喜光，耐寒，耐干旱，耐瘠薄，耐修剪，不耐荫，有较强的抗风性	新疆杨树形优美，叶片美丽，可孤植、丛植于公园和草坪。在新疆、甘肃、宁夏等地多有栽植	叶绿色	3～10月
10	栾树 无患子科 栾树属	喜光，耐干旱和瘠薄，稍耐半荫，耐寒，不耐水淹	栾树夏季满树黄花，秋叶色黄，果实形如灯笼，紫红色，是较好的观赏树。也可用于行道树栽植于道路两旁	绿色，花黄色	5～10月
11	水松 杉科 水松属	阳性树种，喜光，喜温暖湿润气候，耐水湿，不耐低温	可做行道树，适宜栽植在河边、堤岸，可在水边成片栽植，孤植或丛植于园林内均可	绿色	5～10月
12	鹅掌楸 木兰科 鹅掌楸属	喜光，喜温暖湿润气候，耐半荫，较耐寒，喜深厚肥沃土壤	秋季叶色金黄，且叶形美丽，花大美丽，可作行道树或栽植于庭院作观赏树	绿色，秋叶金黄色	5～10月
13	梧桐 梧桐科 梧桐属	喜光，喜温暖湿润气候，喜湿润肥沃土壤，不宜修剪，寿命较长	可作行道树栽植，也可栽植于房前屋后，或片植、列植于风景区和道路旁	绿色	5～10月
14	重阳木 大戟科 秋枫属	阳性树种，喜光，喜温暖气候，稍耐荫，耐干旱和瘠薄，耐水湿，有一定的抗寒能力	花叶同放，秋叶变红，是极好的庭院树种，可栽植于道路两旁作行道树，也可孤植、丛植，与常绿树种配置于湖畔、草坪，景观效果佳	绿色，秋叶红色	5～10月
15	南洋楹 豆科 合欢属	阳性树种，喜温暖湿热的气候，不耐荫	可作为行道树或庭院树栽植	绿色	5～10月
16	大叶合欢 豆科 合欢属	喜温暖气候，能抵抗强风和盐分	可栽植于庭院作遮荫树或观赏树	绿色，绒球状花开放时，黄褐色	4～5月
17	银合欢 豆科 银合欢属	阳性树种，喜温暖湿润气候，稍耐荫，耐干旱，不耐水渍	较耐修剪，可随意修剪造型，可栽植于校园、小区、公园等地作花墙和绿化围墙	绿色	5～10月
18	枫香 金缕梅科 枫香树属	喜光，喜温暖湿润气候，耐干旱和瘠薄，不耐水涝不耐寒，抗风力强	可孤植、丛植于草坪、山坡。可与常绿树种配置，秋季红绿相间，景观效果佳，不宜做行道树	绿色，秋季叶色红艳	8～10月
19	垂柳 杨柳科 柳属	喜光，喜温暖湿润气候，耐水湿，较耐寒	可作行道树，可与碧桃相间配植于湖边、池畔，营造桃红柳绿的景观意境	绿色	3～10月
20	朴树 榆科 朴属	喜光、喜温暖湿润气候，耐干旱，耐水湿和瘠薄	可用作行道树，可孤植于草坪或空旷地，亦可列植于道路两旁	绿色	5～10月

水杉

油杉

国槐

白蜡

合欢

2. 针叶乔木与阔叶乔木

◉ 针叶乔木：是指乔木的叶片细长似针的树种。其针形叶片一般材质较软，且多为常绿树种，常见的针叶树种主要集中在松、柏、杉等种类。

常见针叶树种列举见下表。

序号	植物名称 科、属	植物习性	配置手法	色彩	观赏期
1	水杉 杉科 水杉属	喜光，喜温暖湿润气候，耐寒性强，耐水湿能力强，不耐干旱和贫瘠	水杉树形挺拔，适于列植、片植或丛植于堤岸、水边，也可用于庭院内绿化，景观效果佳	绿色，秋天叶色变金黄	2 ~ 10月
2	雪松 松科 雪松属	喜阳光充足的环境，喜温和凉爽的气候，稍耐荫	雪松是世界著名的庭院观赏树种之一，树形高大挺拔优美，四季常青，适宜孤植于草坪中央，也可对植、列植于广场和主体建筑物旁	绿色	全年
3	白皮松 松科 松属	喜光树种，喜温凉气候，喜肥沃深厚的土层，耐瘠薄和干冷，是中国特有树种	白皮松是常绿针叶树种，老树树皮灰白色，其树干色彩和形态比较有特色，树形优美，是美化园林的优良树种之一。白皮松在园林绿化中的应用比较广泛，可以孤植于庭院或草坪中央，也可以对植于门前，丛植片植成林，或者列植于城市道路两旁作为行道树种	绿色	全年
4	华北云杉 松科 云杉属	喜温凉气候，喜湿润肥沃土壤，耐荫，适应性较强	华北云杉又被称为青扦，是常绿树种。华北云杉对环境的适应性较强，树形又美观，树冠茂密，是园林绿化的优良树种之一	绿色	全年
5	五针松 松科 松属	喜光，喜温暖湿润的环境，不耐积水	五针松植株较低矮，树形优美、古朴，姿态有韵味，也是制作盆景的良好材料	绿色	全年
6	圆柏 柏科 圆柏属	喜光，喜温凉气候，喜湿润深厚的土层，耐寒，耐热，稍耐荫	圆柏树形优美，姿态奇特，是中国园林造景中常用的常绿树种之一。因为其耐修剪，所以常修剪整齐作为绿篱使用。配植在古庙、古寺中更有意境，也可群植于草坪边缘或建筑物附近	绿色	全年
7	池杉 杉科 落羽杉属	强阳性树种，喜温暖湿润气候，极耐水淹，稍耐寒，不耐荫	可做行道树，适宜栽植在水滨湿地等环境中，也可在水边成片栽植，孤植或丛植于园林内均可	绿色，秋叶棕褐色	2 ~ 10月
8	落羽杉 杉科 落羽杉属	耐低温，耐水湿，耐盐碱，耐干旱和瘠薄	由于其耐水湿、耐腐力强的特性，常用来做固堤护岸的树种，也可孤植、片植和丛植于庭院内作观赏树	绿色，秋叶棕褐色	2 ~ 10月
9	龙柏 柏科 圆柏属	喜阳，喜温暖湿润的环境，稍耐荫，耐干旱，忌积水	可孤植、列植或群植于庭院，由于其耐修剪，可经整形修剪成圆球形、半球形等各式形状后栽植	绿色	全年

雪松

白皮松

华北云杉

落羽杉

龙柏

● 阔叶乔木：一般是指双子叶植物类的树木，具有扁平、较宽阔的叶片，叶脉成网状，有常绿阔叶乔木和落叶阔叶乔木。一般叶面宽阔，叶形随树种不同而有多种形状的多年生木本植物。由阔叶树组成的森林称为阔叶林。

常见阔叶树种列举见下表。

序号	植物名称 科、属	植物习性	配置手法	色彩	观赏期
1	樟树 樟科 樟属	喜光、喜温暖、稍耐荫，不太耐寒，较耐水湿，不耐干旱、瘠薄和盐碱土	较常用作行道树种，树形优美的可孤植于草坪，常配植于水边、池边，也可在草地中丛植、群植、孤植或作为背景树	绿色	全年
2	大叶榕 桑科 榕属	阳性树种，喜光，喜高温多湿的气候，耐干旱，耐瘠薄	适合用作园景树和遮荫树，由于根系过于发达，不建议作行道树	绿色	全年
3	羊蹄甲 豆科 羊蹄甲属	喜阳光、喜温暖潮湿的环境，不耐寒	可用作行道树和绿化树，也可栽植于公园和景区	绿色，花大色红	全年
4	洋紫荆 豆科 羊蹄甲属	喜光，喜肥沃湿润的土壤，不太耐寒，耐修剪	可用作行道树和绿化树，也可栽植于公园和景区	绿色，花大色红	全年
5	银杏 银杏科 银杏属	阳性树种，喜光，较耐干旱，不耐积水	树形独特，叶形独特，秋叶金黄，是很好的庭院树和行道树。可孤植、列植、片植或群植于庭院、景区和公园内。与桂花树一同栽植，可营造秋季观色闻香的景观意境	绿色，秋叶金黄	3 ~ 11月
6	三球悬铃木 悬铃木科 悬铃木属	喜光，喜温暖湿润气候，喜排水良好的土壤，较耐寒	三球悬铃木又称为法桐，树形优美，树干高大，枝繁叶茂且耐修剪，是优良的行道树种和庭荫树种。可栽植于城市道路两旁作行道树，也可孤植于草坪或空旷地带	绿色，秋叶黄色	全年
7	国槐 豆科 槐属	喜光，稍耐荫，耐干旱，耐瘠薄，对土壤要求不高	国槐枝叶茂盛，树形威武挺拔，在北方地区常用作行道树种和景观项目的框架树种，也可栽植于公园草坪和空旷地带，孤植、列植和丛植效果均不错	绿色，花黄色	3 ~ 8月
8	蒙古栎 壳斗科 栎属	喜温暖湿润的气候，耐严寒，耐干旱，耐瘠薄，对土壤要求不严	蒙古栎可栽植于庭院、公园等地作园景树或者列植于道路两侧作行道树。也可与其他常绿树种混交栽植成林	绿色	3 ~ 10月
9	辽东栎 壳斗科 栎属	喜温暖湿润的气候，耐瘠薄，对土壤要求不严	可栽植于庭院、公园等地作园景树或者列植于道路两侧作行道树	绿色	3 ~ 10月
10	榆树 榆科 榆属	喜光，耐寒，较耐盐碱，不耐水湿，根系发达，具有较强的抗风能力	榆树树形高大，冠大荫浓，是行道树、庭荫树的较好选择	绿色	3 ~ 10月

羊蹄甲

蒙古栎

辽东栎

榆树

第二节　灌木植物

● 定义：灌木植物是指那些没有明显的主干、呈丛生状态比较矮小的植物。

● 形态：灌木植物一般植株较低矮且丛生，容易营造郁郁葱葱的植物景观效果。

● 类型：可分为观花灌木、观叶灌木、观果灌木、观枝干灌木等几类。

1. 观花灌木

◉ 观花灌木：一般简称花灌木，是指以观赏其花形、花色和花姿为主的灌木植物。具有较高的观赏价值和绿化价值，是园林景观造景的重要材料之一。观花灌木的形态多样、花朵娇艳动人，是丰富绿色景观、点缀主景的良好用材。

园林造景中常用的观花灌木有很多，常见观花灌木列举见下表。

序号	植物名称 科、属	植物习性	配置手法	色彩	观赏期
1	三角梅 紫茉莉科 叶子花属	常绿攀缘状灌木，喜光，喜温暖湿润的气候，不耐寒	三角梅颜色亮丽，苞片大，花期长，是庭院绿化设计时的优良材料。可栽植于院内，由于其攀缘特性，垂挂于红砖墙头，别有一番风味。可用作盆景、绿篱和特定造型，也可借助花架、拱门或者高墙供其攀缘，营造立体造型	花的苞片紫红色	3 ~ 10月
2	木槿 锦葵科 木槿属	喜光，喜温暖湿润的气候，较耐寒，稍耐荫，好水湿，耐干旱，耐修剪	可孤植、丛植于公园、草坪等地，也可作花篱式绿篱进行栽植。一些城市也会在车行道两旁栽植成片，开花时，风景甚美	花淡紫色	7 ~ 10月
3	扶桑 锦葵科 木槿属	强阳性，喜光，喜温暖湿润的气候，适宜阳光充足且通风的环境，耐湿，稍耐荫，不耐寒	扶桑花大且艳丽，观赏价值高，朝开夕落，可栽植于湖畔、池边、凉亭前	红色	全年，夏季最盛
4	非洲茉莉 马钱科 灰莉属	喜光，喜半荫，适宜生长在温暖气候下，生长适温为18 ~ 32℃，不耐寒冷，适宜栽植在较少直射阳光、充足散射光的环境	非洲茉莉花期较长，冬夏季均开花，花香淡淡，由于其具有一定的耐修剪能力，可与部分高大乔木搭配栽植，常用于公园，也可用于家居盆景摆设	花白色	冬夏季
5	绣球花 虎耳草科 绣球属	喜光，喜温暖湿润的气候，喜半荫，不耐寒	绣球花又被称为八仙花，在我国栽培历史悠久，明清时期在江南园林中较多使用。绣球花花形美丽，颜色亮丽，可成片栽植于公园、风景区，也可与假山搭配栽植，景观效果佳	花白色、红色、蓝色	6 ~ 8月
6	红花檵木 金缕梅科 檵木属	常绿灌木，喜光，喜温暖气候，耐旱，耐寒，稍耐荫，耐修剪，耐瘠薄	红花檵木由于其花色叶色艳丽以及耐修剪的特点，在城市及园林绿化中有着重要的地位。常与金叶女贞和雀舌黄杨等植物搭配栽植，修剪成红绿色带装饰道路景观，也可丛植、群植于公园或小区，也可修剪成造型各异的灌木球，景观效果佳	花紫红色，新叶鲜红色	全年
7	毛杜鹃 杜鹃花科 杜鹃花属	半常绿灌木，喜温暖湿润气候，耐荫，不耐阳光曝晒	花色艳丽，花期花朵丰富，栽植于林下，作景观花丛色带等，也可与其他植物搭配栽植或制作模纹花坛。也可栽植于假山旁、凉亭前等地，营造中式园林风格	花桃红色	4 ~ 7月
8	龙船花 茜草科 龙船花属	常绿灌木，喜光，喜温暖湿润的气候，较耐旱，稍耐半荫，不耐寒和水湿	龙船花花色丰富，花叶秀美，具有较高的观赏价值，常高低错落栽植于庭院、风景区、住宅小区内	花红色、白色、黄色等	3 ~ 12月
9	美人蕉 美人蕉科 美人蕉属	喜光，喜温暖气候，不耐寒	植株形态优美，花色艳丽，是景观设计中的常用绿植材料，可丛植、片植、群植于草坪、水边、池畔和庭院内，栽植于假山置石中也有别有一番风味	叶片翠绿，花红色、黄色	3 ~ 12月
10	紫薇 千屈菜科 紫薇属	喜光，喜温暖湿润的气候，耐干旱，抗寒	可栽植于花坛、建筑物前，院落里，池畔等地。同时也是做盆景的好材料，可孤植、片植、丛植和群植	花白色和粉红色	6 ~ 9月

三角梅

扶桑

非洲茉莉

毛杜鹃

龙船花

2. 观叶灌木

● 观叶灌木：是指叶片具有较高观赏价值的灌木植物。例如叶片终年常绿，可以营造绿色灌木带；叶片经秋冬季节变色，以营造四季变幻的植物景观。一般具有较高观赏价值的秋季叶、冬季叶多为红色、橙色、黄色等，叶色色彩鲜艳，与常绿叶形成鲜明对比。叶形奇特，具有趣味，也是观叶植物的亮点之一，比如叶片似鹅掌的鹅掌柴、似星形的八角金盘等。

园林造景中常用的观叶灌木有很多，常见观叶灌木列举见下表。

序号	植物名称 科、属	植物习性	配置手法	色彩	观赏期
1	红花檵木 金缕梅科 檵木属	常绿灌木，喜光，喜温暖气候，耐旱，耐寒，稍耐荫，耐修剪，耐瘠薄	红花檵木由于其花色叶色艳丽以及耐修剪的特点，在城市及园林绿化中有着重要的地位。常与金叶女贞和雀舌黄杨等植物搭配栽植，修剪成红绿色带装饰道路景观，也可丛植、群植于公园或小区，也可修剪成造型各异的灌木球，景观效果佳	花紫红色，新叶鲜红色	全年
2	八角金盘 五加科 八角金盘属	喜温暖湿润的气候，耐荫，稍耐寒，不耐干旱	南天星科草本植物，叶掌状，耐荫蔽，是良好的地被植物	绿色	全年
3	鹅掌柴 五加科 鹅掌柴属	喜温暖湿润的气候，喜半荫的生长环境，忌干旱	是较常见的盆栽植物，也可栽植于林下，营造不同层次的园林景观	绿色	全年
4	变叶木 大戟科 变叶木属	喜高温湿润的气候，喜阳光充足的环境，不耐寒	革质叶片色彩鲜艳、光亮，常被用作盆栽材料，是优良的观叶树种。可栽植于公园、绿地等地	叶色鲜艳斑驳，黄色、红色、绿色交替	全年
5	金边黄杨 卫矛科 卫矛属	喜光，喜温暖的气候，耐寒，耐干旱，耐瘠薄和修剪，稍耐荫	金边黄杨为大叶黄杨的变种之一，常绿灌木或小乔木，适宜与红花檵木、南天竹等观叶植物搭配栽植	叶缘金黄色，叶片绿色	全年
6	洒金珊瑚 山茱萸科 桃叶珊瑚属	喜较荫蔽的环境，喜温暖湿润的气候，耐修剪，不太耐寒	洒金珊瑚叶片较大，色彩艳丽，叶片上有斑驳的金色，枝繁叶茂，因其耐荫的特点，适宜栽植于疏林下，荫湿地较常栽植	绿色	全年
7	金叶女贞 木犀科 女贞属	喜光，喜疏松肥沃的沙质土，较耐寒，不耐荫	叶色金黄，具有较高的绿化和观赏价值。常与红花檵木配植做成不同颜色的色带，常用于园林绿化和道路绿化中	叶金黄色	全年
8	紫叶小檗 小檗科 小檗属	喜光，耐寒，耐修剪，耐半荫	紫叶小檗也称为红叶小檗，枝条丛生，幼枝紫红色，老枝紫褐色，叶片紫红，是优良的观叶植物。紫叶小檗因其耐修剪的特点，常用来和其他常绿植物一同搭配作色块组合布置花坛或花镜。	叶紫红色	3 ~ 10月
9	南天竹 小檗科 南天竹属	喜温暖湿润的气候，耐水湿和干旱，稍耐荫，较耐寒	常绿木本小灌木。南天竹叶片互生，到秋季时叶片转红，并伴有红果，株形秀丽优雅，不经人工修剪的南天竹有自然飘逸的姿态，适合栽植在假山旁，林下，是优良的景观造景植物	绿色，秋叶红艳	9 ~ 10月
10	小叶棕竹 棕榈科 棕竹属	喜光，喜温暖湿润的气候，喜通风半荫的环境，耐荫，稍耐寒，不耐烈日曝晒，不耐水湿	小叶棕竹是棕竹的品种之一，丛生常绿小乔木和灌木，是热带、亚热带较常见的常绿观叶植物。茎干直立且纤细优雅，叶片掌状而颇具特色	绿色	全年

八角金盘

鹅掌柴

变叶木

洒金珊瑚

3. 观果灌木

● 观果灌木：是指果实具有一定观赏价值的灌木植物。这类灌木植物一般果实颜色鲜艳、形状奇特。

园林绿化中常运用观赏价值较高的观果灌木点缀主景，尤其在秋冬季节，百花凋敝，垂挂于枝头的鲜艳果实也是装饰景观的美丽武器。

常见观果灌木列举见下表。

序号	植物名称 科、属	植物习性	配置手法	色彩	观赏期
1	南天竹 小檗科 南天竹属	喜温暖湿润的气候，耐水湿和干旱，稍耐荫，较耐寒	常绿木本小灌木。南天竹叶片互生，到秋季时叶片转红，并伴有红果，株形秀丽优雅，果实小且红艳，具有非常高的观赏价值	绿色，秋叶红艳	9～10月
2	石榴 石榴科 石榴属	喜光，喜温暖向阳的环境，耐寒，耐干旱和瘠薄，不耐荫	石榴树形优美，枝叶繁茂，盛花期时花开满枝，颜色鲜艳，秋季挂果，果实红艳。可孤植或对植于门旁、小径边	叶绿色，花果红色	3～10月
3	稠李 蔷薇科 稠李属	喜光，耐荫，不耐干旱和瘠薄，有一定的抗寒能力	可孤植、丛植或群植于公园和小区	叶绿色，花白色，果黑色	3～10月
4	西府海棠 蔷薇科 苹果属	喜光，耐寒，较耐干旱，在我国北方比较干燥的地区生长良好	西府海棠树干直立，树形秀丽优雅，花红、叶绿，果实小巧可人，常用于我国北方地区的庭院绿化中，可孤植、列植或丛植于水滨湖畔和庭院一角。因与玉兰、牡丹、桂花同植一处，取其音与意，有“玉棠富贵”之意，是造景的优选植物材料	叶绿色，花粉红色	4～5月
5	金银忍冬 忍冬科 忍冬属	喜强光，喜温暖气候，稍耐干旱，较耐寒，不宜栽植于林下等阳光直射不到的地方	金银忍冬是花果均有较高观赏价值的花灌木。春季可赏其花闻其味，秋季可观其累累红果。花色初为白色，渐而转黄，远远望去，金银相间，甚为美丽。金银忍冬可丛植于草坪、山坡和建筑物附近	花白色、黄色，果实红色	5～10月
6	接骨木 忍冬科 接骨木属	喜光，喜向阳，喜肥沃疏松的土壤，耐荫，耐干旱，较耐寒，不耐水湿	接骨木花小而密集，果实红艳，是优良的观花观果植物	花白色、淡黄色，果红色	4～10月

南天竹

石榴

西府海棠

接骨木

4. 观枝干灌木

● 观枝干灌木：是指株形奇特、枝干形态或色泽美丽，具有较高观赏价值的灌木植物。

常见观枝干灌木列举见下表。

序号	植物名称 科、属	植物习性	配置手法	色彩	观赏期
1	红瑞木 山茱萸科 梾木属	喜光，喜温暖潮湿的环境，喜肥沃且排水良好的土壤	红瑞木秋叶红艳，小果洁白，叶落后枝干鲜红似火，十分艳丽夺目，是园林中少有的观茎植物。可丛植于庭院或草坪上，与常绿乔木相间种植，红绿相映生辉	枝干鲜红，秋叶鲜红	8～12月
2	棣棠 蔷薇科 棣棠花属	喜温暖湿润的气候，喜通风半荫的环境，不耐寒	棣棠枝叶秀丽，花色金黄，盛花期时，花开满枝。可栽植于庭院墙角或建筑物旁。也可配植于疏林草地。颇为雅致美丽	花黄色	4～6月

（续）

序号	植物名称 科、属	植物习性	配置手法	色彩	观赏期
3	迎春 木犀科 素馨属	喜光，喜温暖湿润的气候，喜疏松肥沃且排水良好的土壤，稍耐荫	迎春花花如其名，每当春季来临，迎春花即从寒冬中苏醒，花先于叶开放，花色金黄，垂枝柔软。迎春花花色秀丽，枝条柔软，适宜栽植于城市道路两旁，也可配植于湖边、溪畔、草坪和林缘等地	花金黄色	3 ~ 4月
4	小蒲葵 棕榈科 蒲葵属	喜光，喜温暖湿润的气候，耐干旱和瘠薄，耐盐碱，稍耐荫，稍耐寒	四季常绿，是营造热带风情效果的重要植物。叶片可制作蒲扇。可栽植于公园、景区、道路两旁。也可与其他棕榈科植物，如海枣、针葵、红铁树和鱼尾葵等搭配栽植	绿色	全年
5	紫薇 千屈菜科 紫薇属	喜光，喜温暖湿润的气候，耐干旱，抗寒	可栽植于花坛，建筑物前，院落里，池畔等地。同时也是做盆景的好材料，可孤植、片植、丛植和群植	花白色和粉红色	6 ~ 9月
6	龙爪槐 豆科 槐属	喜光，喜肥沃深厚的土壤，稍耐荫	树形优美，树冠奇特，花芳香，是优良的行道树种和庭院绿化树种	叶绿色	全年

红瑞木

棣棠

迎春

龙爪槐

第三节　草本花卉植物

- 定义：草本花卉是指木质部不发达，木质化程度较低，植株茎干为草质茎且株形较小、植株较低矮的花卉植物。
- 形态和特点：植株低矮、草质茎柔弱、种类繁多、花形花色丰富。
- 类型：一二年生草本植物、多年生草本植物。

1. 一二年生草本植物

- 一二年生草本植物：分为一年生草本植物和二年生草本植物。一年生草本植物是指生活期为一年，一年时间里萌芽、生长、开花、结果和死亡。二年生草本植物是指生活期跨越两年，一般是秋季播种后，第二年春季开花，然后结果，最后死亡。

一二年生草本花卉生命力短暂，寿命短，但生长速度快，能够在较短的时间内达到开花的效果。这类草本植物多以观花为主，其花形美丽、花色鲜艳，而且花期大多一致，所以是园林绿化营造花坛、花境等景观的良好材料。

常见一二年生草本花卉列举见下表。

序号	植物名称 科、属	植物习性	配置手法	色彩	观赏期
1	一串红 唇形科 鼠尾草属	喜光，耐半荫，不耐寒，不耐水湿	一串红花色红艳，花期长，是城市绿化中常用的草本花卉，适宜栽植于花坛、花境和花丛之中，也可与其他色彩丰富的花卉组成色块营造色彩斑斓的花卉景观	花红色	8 ~ 11月
2	矮牵牛 茄科 碧冬茄属	喜光，喜温暖向阳的环境，喜疏松肥沃且排水良好的沙质土壤	矮牵牛品种繁多，花色丰富，是优良的室内室外装饰材料	花红色、紫色、粉色等	4 ~ 11月
3	万寿菊 菊科 万寿菊属	喜光，喜温暖向阳的环境，耐半荫，耐移植，耐寒，耐干旱，对土壤要求不高	万寿菊花大，花色鲜艳，常用来布置各式花坛	花黄色、橙色	8 ~ 9月

（续）

序号	植物名称 科、属	植物习性	配置手法	色彩	观赏期
4	月见草 柳叶菜科 月见草属	耐酸，耐干旱和瘠薄，对土壤要求不高	花小，花色为黄色，适宜栽植于花坛、花丛中做点缀之用	花黄色	7～9月
5	凤仙花 凤仙花科 凤仙花属	喜光，喜温暖向阳的环境，喜疏松肥沃的土壤，耐热，不耐寒，较耐瘠薄	凤仙花花姿卓越，是美化花坛、花境的常用材料	花红色、粉色、紫色等	6～8月
6	虞美人 罂粟科 罂粟属	喜光，喜肥沃且排水良好的土壤，耐寒，不耐炎热	虞美人花形美丽，花色艳丽，是花坛、花境的常用材料	花红色	5～8月
7	鸡冠花 苋科 青葙属	喜光，喜温暖干燥的气候，不耐干旱，不耐水湿，不耐霜冻，不耐瘠薄，对土壤的要求不高	鸡冠花花形花色似鸡冠，花朵大且色彩亮丽，花期长，是园林中常见的绿化和美化材料。可栽植于花坛和花境中，也可做成立体花坛	花红色	7～12月
8	半枝莲 唇形科 黄芩属	喜温暖湿润的气候，喜半阴湿润的环境，对土壤的要求不高	半枝莲植株较低矮，密集丛生，花期长，花叶茂盛，是点缀草地、花坛和花镜的优良材料	花淡紫色	5～10月
9	雁来红 苋科 苋属	喜光，喜湿润通风的环境，喜肥沃且排水良好的土壤，耐干旱，不耐寒，不耐水湿	雁来红又被称为三色苋，是优良的观叶植物，是花坛、花境的常用材料，也可大量栽植于草坪之中，可与其他色彩鲜艳的花草植物组成绚丽的花卉图案	花红色	6～10月
10	千日红 苋科 千日红属	喜光，喜疏松肥沃的土壤，耐干旱，耐热，不耐寒	千日红花如其名，花期长，花色红艳，是花坛、花境的常用材料	花红色	7～10月

一串红

矮牵牛

万寿菊

千日红

2. 多年生草本植物

◉ 多年生草本植物：是指能够生长存活两年以上的草本植物。这一类的草本植物的植株可以分为地上部分和地下部分。一部分多年生草本植物其地上部分每年会随着春夏秋冬季节的交替而生长和死亡，而地下部分，如植物的根、茎等部位会保持活力，等到来年再焕发新芽；而另一部分的多年生草本植物，地上部分和地下部分均为多年生状态。

常见多年生草本花卉列举见下表。

序号	植物名称 科、属	植物习性	配置手法	色彩	观赏期
1	半枝莲 唇形科 黄芩属	喜温暖湿润的气候，喜半阴湿润的环境，对土壤的要求不高	半枝莲植株较低矮，密集丛生，花期长，花叶茂盛，是点缀草地、花坛和花镜的优良材料	花淡紫色	5～10月
2	石竹 石竹科 石竹属	喜光，喜肥沃深厚的土壤，耐寒，耐干旱，不耐炎热，不耐水湿	石竹茎直立，花色艳丽且色彩丰富，花瓣边缘似铅笔屑。是花坛、花境的常用材料，也可用来点缀草坪及坡地，栽植于行道树的树池中也是一道美丽的风景	花红色等	5～9月
3	飞燕草 毛茛科 飞燕草属	喜光，喜凉爽湿润的气候，喜肥沃湿润且排水良好的酸性土壤，耐干旱，稍耐水湿	飞燕草花形独特，色彩素雅，可以丛植于草坪上，是花坛、花境的常用材料	花紫色	5～8月
4	三色堇 堇菜科 堇菜属	喜光，喜凉爽的气候，喜肥沃且排水良好的土壤，较耐寒	三色堇因其花瓣上有三种不同颜色对称分布而得其名，是装饰春季花坛的主要花卉之一	花黄色、紫色、黑色等	6～9月

（续）

序号	植物名称 科、属	植物习性	配置手法	色彩	观赏期
5	美女樱 马鞭草科 马鞭草属	喜光，喜疏松肥沃的土壤，喜温暖湿润的气候，较耐寒，不耐干旱，不耐荫	美女樱植株较低矮，花色丰富，花小而密集，是良好的地被材料。可栽植于花坛、花境中，也可栽植于城市道路绿化带中点缀和调节单调的绿色景观	花粉色、红色等	5～11月
6	鸢尾 鸢尾科 鸢尾属	喜光，喜湿，喜湿润且排水良好的土壤，可生长于沼泽、浅水中，耐寒，耐半荫	鸢尾叶片清秀翠绿，花色艳丽且花形似翩翩蝴蝶，是庭院绿化的优良花卉，可栽植于花坛、花镜中，也可栽植于湖边溪畔	花蓝紫色	4～6月
7	玉簪 百合科 玉簪属	喜荫湿的环境，喜肥沃深厚的土层，耐寒，不耐强阳光直射	玉簪是荫性植物，耐荫，喜荫湿的环境，适宜栽植于林下草地，丰富植物群落层次。玉簪叶片秀丽，花色洁白，且具有芳香，花于夜晚开放，是优良的庭院地被植物	叶绿色，花白色	6～9月
8	牡丹 毛茛科 芍药属	喜光，喜温暖、干燥的环境，喜深厚肥沃且排水良好的土壤，耐寒，耐干旱和弱碱，不耐水湿，忌强阳光直射	牡丹品种繁多，花色各异，有黄色、粉色、绿色等多种颜色。牡丹花色、花香和姿态均佳，是庭院绿化的优良选择	花粉色等	4～5月
9	芍药 毛茛科 芍药属	喜光，耐干旱	芍药被称为花相，花形、花色俊美，是庭院绿化的优良品种	花淡紫色	5～6月
10	文竹 天门冬科 天门冬属	喜温暖湿润的气候，喜通风良好的环境，忌强阳光直射，不耐寒，不耐干旱	文竹枝叶秀丽，姿态优美典雅，是制造假山、盆景的优良材料	叶绿色	全年

石竹

三色堇

美女樱

鸢尾

第四节　藤本植物

- 定义：藤本植物，也被称为攀缘植物。藤本植物的茎比较细长且柔软，不能直立，需要依附于其他植物或外在物体才能生长。
- 形态：颈部细长柔软，无法直立，一般攀附于其他植物或者物体生长，也有匍匐于地面生长的类型。
- 类型：攀缘类藤本植物、缠绕类藤本植物、吸附类藤本植物。

常见藤本植物列举见下表。

序号	植物名称 科、属	植物习性	配置手法	色彩	观赏期
1	常春藤 五加科 常春藤属	常绿攀缘藤本植物，耐荫性较强，同时也能在阳光充足的环境下生长，具有一定的耐寒力	常春藤叶片呈近似三角形，终年常绿，枝繁叶茂，是极佳的垂直绿化植物。适宜栽植于墙面、拱门、陡坡和假山等地。也可以栽植于悬挂花盆中，使枝叶下垂，营造空间中的立体绿化效果	绿色	常年
2	紫藤 蝶形花科 紫藤属	缠绕类藤本植物，落叶，木质，喜温暖湿润的气候，喜光，耐瘠薄，耐水渍，稍耐荫	紫藤花大，色彩艳丽，花色为紫色，盛花期时，满树紫藤花恰似紫色瀑布一般，是优良的垂直绿化和观赏植物，适宜栽植于公园棚架和花廊，景观效果极佳	花紫色	4～5月

（续）

序号	植物名称 科、属	植物习性	配置手法	色彩	观赏期
3	鸡血藤 豆科 南五味子属	常绿木质藤本植物，喜温暖湿润的气候	鸡血藤四季常绿，枝叶繁茂青翠，盛花期时紫红色花序自然下垂，花色美艳，花形俏丽，适宜栽植于花廊、花架以及运用于建筑物的立体绿化中	叶绿色，花紫红色	全年
4	白花油麻藤 蝶形花科 黎豆属	缠绕类藤本植物，常绿，木质，喜温暖湿润的气候，喜光，耐半阴，不耐干旱和瘠薄	白花油麻藤因为其花形酷似禾雀，因此也被称为禾雀花。禾雀花串状挂满枝头，甚是美丽。白花油麻藤适宜栽植于棚架和花廊上，蔓蔓长枝缓缓垂下，犹如门帘，景观效果极佳	叶绿色，花白色	4 ~ 6月
5	凌霄花 紫葳科 紫葳属	攀缘藤本植物，喜光，喜温暖湿润的气候，稍耐阴，较耐水湿	凌霄花漏斗状的花形状美丽，花色鲜艳，是园林绿化中的重要材料之一。可栽植于墙头、廊架等地，也可经过轻微修剪做成悬垂的盆景放于室内	花红色、橙色	5 ~ 8月
6	爬山虎 葡萄科 爬山虎属	吸附类藤本植物，落叶，木质，喜荫湿的气候和环境，耐寒，对环境的适应性较强	爬山虎新叶时叶片嫩绿，秋季变为鲜红色，色彩夺目，可用来作为垂直绿化植物装饰墙面和棚架，也可作为地被植物运用	新叶嫩绿色，秋叶鲜红色	3 ~ 11月
7	五叶地锦 葡萄科 爬山虎属	吸附类藤本植物，落叶，木质，喜荫湿的气候和环境，耐寒，对环境的适应性较强	五叶地锦叶具五小叶，新叶时叶片嫩绿，秋季变为鲜红色，色彩夺目，可作为垂直绿化植物装饰墙面和棚架，也可作为地被植物运用	新叶嫩绿色，秋叶鲜红色	3 ~ 11月
8	金银花 忍冬科 忍冬属	缠绕类灌木植物，常绿，木质，喜光且耐荫，耐干旱，耐水湿，适应性强	金银花枝叶常绿，花小，有芳香，适宜栽植于庭院角落，可攀缘墙面和藤架，盛花期时，花香馥郁，白花点点	叶绿色，花白色	4 ~ 10月
9	绿萝 天南星科 麒麟叶属	多年生常绿藤本植物，喜温暖湿润的气候，忌强光直射，耐荫性较强	绿萝叶片偏大，叶形美丽，四季常青，是较好的庭院景观观赏植物。由于绿萝栽培容易，又能水养，近年来已经成为办公室和家居环境的新宠。园林运用中，较适宜栽植于墙面和拱门，可作垂直绿化材料，因具备较强的耐荫性，栽植在林下做地被植物也是不错的	绿色	全年
10	茑萝 旋花科 牵牛属	缠绕类一年生草本植物，喜温暖的气候，喜光，耐干旱瘠薄	茑萝叶片互生，裂如丝状，叶形奇特，花朵碟状，呈五角形状，花较小，但颜色艳丽，茎蔓下垂，红花随风飘动，惹人喜爱，适宜栽植于花架或廊架等地	花红色	7 ~ 10月

紫藤

凌霄花

金银花

茑萝

第五节　草坪及地被植物

● 定义：地被植物是指那些株丛密集、低矮的植物，它们经简单管理即可用于代替草坪覆盖在地表、防止水土流失，能吸附尘土、净化空气、减弱噪声、消除污染并具有一定观赏和经济价值。它不仅包括多年生低矮草本植物，还包括一些适应性较强的低矮、匍匐型的灌木和藤本植物。

● 形态：植株丛生、密集且低矮。

● 类型：匍匐型灌木、草坪植物、藤本植物。

常见草坪地被植物列举见下表。

序号	植物名称 科、属	植物习性	配置手法	色彩	观赏期
1	肾蕨 肾蕨科 肾蕨属	多年生草本植物，喜温暖湿润较荫蔽的环境，忌阳光直射	肾蕨是应用比较广泛的观赏蕨类植物。由于其叶片细腻翠绿，姿态动人，可用来点缀山石、假山，也可作为地被植物栽植于林下和花境边缘。近几年肾蕨在插花艺术中也有不少体现	绿色	全年
2	冷水花 荨麻科 冷水花属	多年生草本植物，喜温暖多雨的气候，忌强光曝晒，较耐水湿，不耐旱	冷水花因其叶片绿白相间，又被称为西瓜皮。其适应性较强，比较容易繁殖，园林造景中较常使用。冷水花株丛较小，叶面绿白、纹路美丽，花期时盛开白色小花。适宜栽植于水边、林下	绿色	全年
3	沿阶草 百合科 沿阶草属	多年生常绿草本植物，喜温暖湿润的气候，喜半荫	沿阶草又被称为麦冬，总状花序淡紫色或白色。四季常绿，通常成片栽植于林下或水边作地被植物，也可栽植用来点缀山石、假山等	绿色	全年
4	马缨丹 马鞭草科 马缨丹属	多年生灌木，喜温暖湿润的气候，阳光充足时生长茂盛	马缨丹又被称为五色梅，其花初开时为橙黄色，后转为深红色，最后为深紫色，花期近乎全年。叶片翠绿，花朵小但色彩艳丽，可栽植于墙角	叶片绿色	全年
5	银叶菊 菊科 千里光属	多年生草本植物，喜阳光充足的环境，较耐寒，不耐高温	银叶菊叶形奇特似雪花，叶片正反面均有银白色细毛，是良好的观叶植物。适宜栽植于花坛和花境中	银白色	全年
6	常春藤 五加科 常春藤属	常绿攀缘藤本植物，耐荫性较强，同时也能在阳光充足的环境下生长，具有一定的耐寒力	常春藤叶片近似三角形，终年常绿，枝繁叶茂，是极佳的垂直绿化植物。适宜栽植于墙面、拱门、陡坡和假山等地。也可以栽植于悬挂花盆中，使枝叶下垂，营造空间中的立体绿化效果	绿色	全年
7	络石 夹竹桃科 络石属	常绿木质藤本植物，喜光，喜较荫湿的环境，较耐旱，不耐涝，对土壤的要求不高	络石在园林中常作地被植物栽植于林下或山石边，也可攀缘于墙面和陡坡作垂直绿化使用	绿色	全年
8	鸢尾 鸢尾科 鸢尾属	多年生草本植物，喜阳光充足的环境，耐寒力强，耐半荫	鸢尾叶片翠绿扁平，花色艳丽，可栽植于林下作地被植物，也可栽植于花坛和花境中，与风车草、春羽等植物配植在水边池畔等地，景观效果佳	绿色，花紫色等	7～8月
9	红花酢浆草 酢浆草科 酢浆草属	多年生草本植物，喜温暖湿润的气候，喜阳光充足的环境，耐干旱，较耐荫	红花酢浆草叶片基生，3片小叶呈心形，甚为美丽，花小色红，花随日出而开，日落而闭，常成片栽植于林下作地被植物。带状栽植于草坪中，万绿丛中一条红带，景观效果佳	叶绿色，花红色等	3～12月
10	马蹄金 旋花科 马蹄金属	多年生草本植物，喜温暖湿润的气候，具有强耐荫性，强耐热性和耐寒性，具有一定的耐践踏能力	马蹄金又被称为金钱草，阔心形叶片小而翠绿，由于其适应能力强且具有一定耐荫性和耐践踏能力，因而是优良的草坪及地被绿化植物，可栽植于林下做地被，也可成片栽植于沟坡、陡坡等地	绿色	全年
11	彩叶草 唇形科 鞘蕊花属	多年生草本植物，喜高温多雨的气候，喜阳光充足的环境	彩叶草叶片色彩丰富，是较好的观叶植物，可栽植于花坛花境中，或者点缀于山石间和绿植丛中	叶片五彩斑斓	全年
12	葱兰 石蒜科 葱莲属	多年生常绿草本植物，喜温暖湿润的气候，喜阳光充足的环境，不太耐寒	葱兰，也被称为风雨花，植株挺立，带状栽植郁郁葱葱。因其叶片四季常绿，可成片带状栽植于花坛边缘和草坪边缘，较常使用于路边小径的地面绿化，是良好的地被植物	叶浓绿，花洁白	全年
13	韭兰 石蒜科 葱莲属	多年生常绿草本植物，喜温暖湿润的气候，喜阳光充足的环境，不太耐寒	韭兰，也被称为红风雨花，其园林配植特点与葱兰相同	叶浓绿，花绯红	全年

（续）

序号	植物名称 科、属	植物习性	配置手法	色彩	观赏期
14	马蹄莲 天南星科 马蹄莲属	多年生草本植物，喜温暖湿润的气候，喜疏松肥沃的土壤，忌强阳光直射	马蹄莲叶片厚实且碧绿，花色洁白，花形奇特。马蹄莲在插花和切花中运用较多，也可作为盆栽置于茶几书桌上	花白色	3～8月
15	假俭草 禾本科 蜈蚣草属	暖季型多年生草坪草，喜温暖湿润的气候，耐瘠薄，较耐旱，耐粗放管理，不耐荫	为优良的草坪植物	绿色	全年
16	沟叶结缕草 禾本科 结缕草属	暖季型草坪草，喜温暖湿润的气候，喜光，耐瘠薄，耐干旱，稍耐寒	又被称为马尼拉草，为优良的草坪植物	绿色	全年
17	细叶结缕草 禾本科 结缕草属	暖季型多年生草坪草，喜温暖湿润的气候，喜光，耐瘠薄，耐干旱，不及沟叶结缕草耐寒	又被称为台湾草，为优良的草坪植物	绿色	全年
18	狗牙根 禾本科 狗牙根属	暖季型多年生草坪草，喜温暖气候，喜光，耐炎热，耐干旱，稍耐荫	又被称为百慕大草，是优良的草坪植物，是目前高尔夫球场最普遍的草种植物	绿色	全年
19	地毯草 禾本科 地毯草属	暖季型多年生草坪草，喜温暖湿润的气候，耐贫瘠	又被称为大叶油草，是优良的草坪植物	绿色	全年
20	百喜草 禾本科 雀稗属	暖季型多年生草坪草，喜温暖湿润的气候	是优良的草坪植物	绿色	全年

肾蕨

冷水花

银叶菊

络石

第二章　城市住宅区植物景观设计要点解析

第一节　城市住宅区植物景观设计的意义

城镇化的发展推动了城市内住宅小区的发展和兴盛，住宅区内的环境设计也逐渐受到专业人士和普通居民的重视。2世纪 70 年代末，我国开始引进住宅小区的绿化概念。到 80 年代末，大中型城市开始学习国外居民社区的绿地集中、规模化绿化的概念。近年来，国内房地产事业蓬勃兴起并且逐渐形成成熟的规范，楼盘间的竞争也越来越激烈。除了住宅小区房屋质量、所在地理位置等因素，人们对于小区内外部的环境建设也有了越来越高的要求。绿色、环保的小区景观建设能够提高小区住宅的档次、促进楼盘的销售，逐渐成为各个房地产企业成败的重要影响因素。因此，设计师们纷纷开始着眼于住宅园林景观设计的丰富性、和谐性，加强人性化设计，努力营造那种舒适、优美、内涵丰富的住宅环境。如今，住宅区景观的设计逐渐进入稳步发展阶段。住宅区内的景观设计主要表现在其植物景观的营造和创新方面，因地制宜且符合可持续性发展要求的植物景观设计可以为住宅区景观带来源源不断的生机和绿意。

住宅区植物景观设计对于提高人们居住生活质量、美化城市环境具有较高的社会价值和意义。其主要作用体现在以下几个方面。

住宅区植物景观设计的作用图片展示：

①	②
③	④
⑤	
⑥	

①-③ 设计公司：深圳市华城园林景观有限公司
项目名称：天御

④-⑤ 设计公司：SED 新西林景观国际有限公司
项目名称：上海华侨城十号院

⑥ 设计公司：SED 新西林景观国际有限公司
项目名称：武汉万科金色城市

1. 植物景观能够改善居住环境

植物景观以绿色植物作为主体结构，这得益于植物的生长特性，植物具有改善居民小区环境的作用，如净化空气、屏蔽道路上的噪音污染、吸收二氧化碳、减少尘埃雾霾、调节区域内小气候环境等。

植物能够利用光能制造氧气，增加居住小区的负氧离子；植物的叶片、枝干、花朵等能够加速降尘，尤其是叶片表面附有细小绒毛的植物，对尘埃具有较大的吸附能力；植物还能够减弱噪音，为住宅区提供安静舒适的生活环境，据相关实验表明，10m 宽的林带可降低 30% 噪音，250m^2 的草坪可使声音衰减 10 分贝。

2. 植物景观观赏价值高，能够给居住小区带来美的感受

植物景观具有种类丰富、形态各异、色彩斑斓等多方面优势，可以通过各种设计手法和方式营造不同的景观效果，如春天花红叶绿、夏季绿荫浓浓、秋季硕果累累、冬季色叶斑斓。美丽的植物景观可以丰富住宅区原本的面貌，营造四季变幻的季节之美，提高住宅区居民的生活品质和生活感受。

3. 调节住宅区的小气候，缓解区域内的热岛效应

住宅小区人口较多，住宅楼宇密集，科技发展促进了电子设备的飞速发展和普及，越来越多的家用电器被使用，消耗大量电能，使住宅区产生“热岛效应”。而植物景观不仅能够美化环境，更能有效缓解住宅区内这一效应。

第二节　城市住宅区植物景观设计的基本原则

1. 因地制宜的原则

因地制宜，即根据环境的客观性和实际情况，采取切实有效的方法，使人适宜于自然、回归自然，从而达到返璞归真、天人合一的和谐境界。

住宅区的植物景观设计必须遵循因地制宜的原则。这里的因地制宜是指，根据住宅区所在区域的地形、气候、人文习惯和风俗等各方面因素，设计和营造符合该住宅区特点的植物景观风格。

↑ ● 因地制宜：该项目位于广东，客户要求景观风格为东南亚风格，结合广东地区的气候及地理条件，该项目大多选用适宜本地生长的棕榈科植物和其他热带植物。

设计公司：华城景观　　　　项目名称：天御

植物景观设计应充分考虑到植物种类的多样性和因地制宜两方面。在实际配置设计中，应以当地的乡土树种为主，选择适宜在当地生长和发展的植物种类，并辅以当下热门、流行的植物进行点缀和装饰。在使用外来物种时也要密切关注其生长状况，观察其是否适宜本地生长、是否具有侵略性等。例如，在我国南方栽植良好、能够营造度假风情的棕榈科树种，因其生长所需的温度和耐寒能力所限，不能在我国北方城市良好生长，甚至在寒冷的地区，会有栽植后死亡的情况发生。

2. 经济适用的原则

经济适用原则是针对住宅区植物景观设计的实用性提出的要求。在住宅区植物设计的初始阶段、植物景观的搭配以及植物的铺设和栽植等过程中，应当充分考虑与居民小区建筑风格相协调，要能符合居住者对于植物景观的各种需求，从美感、观感以及实际使用等方面进行综合考虑，做到实用大方、合理布局，防止出现过于奢华、追求高档的现象。在景观植物的选择上，主要应挑选适应性强、能体现当地特点的品种。

↑ ● 经济适用：该项目位于郑州市，在入口景观植物的选择上以乡土树种国槐为主体框架，树形高大挺拔，画面感丰富，树下栽植观叶灌木南天竹和观花灌木月季，保障了季季有景、时时有景、植物种类并不丰富，但是依旧能够营造出乔木、灌木、地被的丰富层次和四季变换的季节美感。

设计公司：深圳市赛瑞景观工程设计有限公司
项目名称：郑州海马公园二期

● 经济适用：入口建筑高耸雄伟，入口植物景观则不需种类过于丰富，色彩过于缤纷，只要选择合适的树种运用反复的艺术手段，烘托出入口景观的仪式感和正式感即可。

设计公司：SED 新西林景观国际有限公司
项目名称：武汉中海万锦江城

3. 四季变换、美观大方的原则

合格的植物景观设计，需要在一定的绿化空间范围内，充分利用住宅区的各类功能区域，有效搭配各类不同的景观植物品种如乔木、灌木、藤本植物、草坪和地被植物等，根据小区绿化区域的设置进行合理配置，达到植物景观错落有致的效果。

植物景观有别于硬质景观，它具有生命并富于变化。伴随着四季的交替变化，植物会在形态、色彩等方面有所变化。优秀的住宅小区植物景观设计需要具有预见性，能够洞察各类植物在四季中的不同姿态，而且必须从形态、色彩、气味等多方面进行统筹设计，才能打造一个四季有景、美轮美奂的住宅小区植物景观。

← 四季变化：春季可以欣赏月季妖娆的花姿秋季可以观赏南天竹红艳的秋叶，冬季可品鉴南天竹红果，一年四季均有景可赏。

设计公司：深圳市赛瑞景观工程设计有限公司
项目名称：郑州海马公园二期

4. 遵从空间属性进行单独设计的原则

植物景观设计，不仅是美丽社区的重要构成因素，还能够突出住宅小区内各空间的属性和功能。植物配置需要根据住宅区自身的需求和功能分别进行考虑。从绿地功能来看，住宅区内可以分为居民运动活动区域的绿地和休闲观赏性质的绿地。对休闲使用的，可采用立体形式的综合绿化，选择整体性较强的绿地，增加景观的通透性和观赏性；对居民运动活动区域的绿化，则应选择草坪、灌木等生长周期较长、耐修剪、适合踩踏的品种。

↑ 遵从空间属性设计：游园设计　　设计公司：优地联合（北京）建筑景观设计咨询有限公司　　项目名称：万柳书院

5. 生态性原则

合理的住宅区植物景观设计要遵从生态性原则。不管多么美丽的景观，如果不能达到可持续性发展的目标，其价值也是昙花一现，并且不具有环保性和生态性。因此，植物景观设计不仅要打造当下的美丽景观，更要考虑未来的景观效果，让植物在时间的长河里越来越丰富，越来越具有其独特的价值。

←

● 遵从空间属性设计：园路设计

设计公司：优地联合（北京）建筑景观设计咨询有限公司
项目名称：万柳书院

←

● 遵从空间属性设计：儿童乐园设计

设计公司：SED 新西林景观国际有限公司
项目名称：武汉万科金色城市

第三节　城市住宅区植物景观设计的方法

1. 城市住宅区植物景观设计的主要内容

随着群众对居住环境要求的提高，住宅区对于植物景观设计有了十分丰富和详细的需求。一方面，小区居民活动休闲场所的绿化功能日趋普及，这也是植物景观设计的基本功能；另一方面，随着城市内部建设用地的紧张，在一定的小区绿化空间内，通过各种植物配置方式和手法栽植各类花草树木，营造舒适、安全的住宅环境，也是植物景观设计应该具备的功能之一。

在种植内容上，应当充分利用小区内的闲置空间，根据不同区域的居民生活空间设计出多层次的绿化景观构造。在住宅楼前、小区内部园道、水景造景区域以及住宅小区的垂直立面等区域都应该有不一样的设计方式和栽植形式。例如，对小区楼房大面积的垂直区域，可以根据住宅小区的地理位置和气候条件适当选用符合当地生长环境的攀爬类植物，形成大面积的绿化空间；利用楼顶区域光照充分、人员流动较少的优势，在小区建设过程中适当加以开发，预留一定的绿化承载结构，为今后对楼层整体的遮荫提供准备。在居民种植方面，可以呼吁、引导居民对阳台等室外空间加以利用，种植一些美观的花卉作为点缀。

2. 城市住宅区植物景观设计的重要方法

住宅区的植物景观设计与其他性质空间内的植物景观设计一样，具有其独特的设计思路和方法。居民小区的绿地景观设计，应当以综合设计为主要方法，以保持稳定、可持续发展的思路为指导原则。现代居民小区住宅不仅仅是建筑物的聚群，更是良好住宅环境的营造，因此应当坚持统筹规划、综合设计的方法。住宅区是城市居民生活的中心区域，利用植物景观营造健康、安全、宜居、和谐的生态环境，也是城市生态化发展的重要内容。

住宅区景观设计的方法主要有：

（1）合理搭配各类植物

合理搭配植物是指通过乔木、灌木、地被等多种形式的植物搭配打造高低错落、具有跌宕起伏韵味的植物景观。大型乔木树形高大，通常可以作为植物景观的主体框架；中小乔木树姿优美，可以用来烘托氛围；花灌木花形、花色娇俏，具

① ● 合理搭配各类植物

设计公司：SED 新西林景观国际有限公司
项目名称：上海华侨城十号院

② ● 合理搭配各类植物

设计公司：深圳市柏涛环境艺术设计有限公司
项目名称：武汉金域天下

③ ● 合理搭配各类植物

设计公司：深圳市华城园林景观有限公司　　项目名称：天御

有锦上添花的效果；低矮灌木群植可以形成体量大、绿量丰富的效果，适宜作为环境背景或用来遮挡比较生硬的建筑墙角等。例如，要营造热带度假风情的景观，我们可以选择用大王椰、华盛顿葵、狐尾椰等高大棕榈科乔木作为主体框架，辅以鸡蛋花、苏铁、希茉莉等中小乔木进行点缀，灌木层则可选用变叶木、蜘蛛兰、龙舌兰等叶形奇特、花色秀丽的植物装扮。

（2）灵活运用多种栽植方式

住宅小区环境与居民日常生活息息相关，居民每天花费大量的时间在住宅区内活动，因此植物景观能够影响居民的生活体验和生活品质。住宅区内的植物景观设计应运

● 灵活运用多种栽植方式——对植

设计公司：深圳市柏涛环境艺术设计有限公司　　项目名称：东方普罗旺斯

① ②

③

① 灵活运用多种栽植方式——对植

设计公司：深圳市筑奥景观建筑设计有限公司
项目名称：三亚海韵度假酒店

② 灵活运用多种栽植方式——孤植

设计公司：杭州绿风园林建设集团有限公司
项目名称：蓝爵国际

③ 灵活运用多种栽植方式——列植

设计公司：广州太合景观设计　　项目名称：柏斯观海台一号

④ ⑤

⑥

④ 灵活运用多种栽植方式——群植

设计公司：深圳市柏涛环境艺术设计有限公司
项目名称：珠海佳兆业水岸华都

⑤ 灵活运用多种栽植方式——自然式丛植

设计公司：深圳市柏涛环境艺术设计有限公司
项目名称：珠海佳兆业水岸华都

⑥ 灵活运用多种栽植方式——自然式丛植

设计公司：意大利迈丘设计　　项目名称：深圳鸿基 宝翠苑

用多种栽植方式，让景观在统一中富有变化。例如对植，可以在住宅区的大门入口道路对称栽植成列的香樟、梧桐或是银杏，显得庄重且整齐，在住宅楼前可栽植对称的罗汉松、桂花等；孤植，能体现出某一棵树木的个性美，成为空间的焦点，通常用于营造主景；丛植，栽植3株以上不同树种的组合，可以用作主景或配景；群植，栽植同种类的树木，营造树林的景象，体现群体美等。

（3）巧妙运用对比和烘托手法。

利用植物个体的差异可以打造非同凡响的突出效果。植物的种类众多，且每种植物的具体形态各有千秋，在植物配置的过程中，可以利用植物的姿态、叶形、叶色、花形、花色等各种构成因素进行对比，衬托出美丽的景观。例如，以红花檵木、金叶女贞做成红绿色对比明显的色带或图案；在高大常绿乔木的附近栽植秋季叶色变红的鸡爪槭形成高低、大小、红绿的反差等。

3. 城市住宅区植物景观设计的必要步骤

首先需要了解住宅区所在区域的各项外部条件和客观情况。针对现场进行细致调研，收集各方面信息，其中包括住宅区自然限制条件如气候气象条件、地形地势条件、土壤土质条件、水文水利条件、项目地的原生态植被条件等，以及住宅区项目所在地的社会条件如现有交通条件、周边人口条件、历史文化条件、工农业发展现状条件、城市总体规划限制条件等。

其次进入方案设计过程。进一步收集分析所掌握的资料和信息，构思立意，充分考虑设计项目的合理布局、空间条件、当地的历史文化习俗和甲方的各方面需求。对住宅区做功能、空间、交通流线、节点等的总体布局，并对小区整体风格和具体表现形式进行定位。

再次是在植物景观设计上的品种选择和合理配置。一般来说，选择什么样的品种、如何进行搭配、怎样进行布局，需要考虑当地的气候、城市的环境、小区的整体设计、土壤的成分、功能区域的组合等多种因素。对于多数居民小区，通常应当选择一些成活率较高、适应能力强的品种作为小区草地和基础绿化。在景观设计方面，应结合本地的实际选择合适的景观植物品种，构造结构多样、色彩怡人、美观大方的景观，增强绿化的艺术性。

最后要做好后期的维护和适当的补充。高品质的植物景观需要配备专门的养护人员进行日常维护管理，同时应当根据绿化植物的生长周期，进行不同程度的补充，达到长期观赏使用的标准。

第四节　城市住宅区局部区域植物景观设计

1. 住宅楼前植物景观配置

住宅区植物配置是在不影响居民正常生活的前提下，对住宅小区进行美化、装扮的设计行为。而在住宅区内的各个功能分区里，对居民正常生活影响最大的空间应该就是住宅楼前的这一处。住宅区植物配置需要充分考虑到有限的宅间距离和植物的关系，尤其是宅前绿地中的高大乔木。高大乔木枝叶繁茂、郁郁葱葱，如果设计不合理，常常会给住宅楼内的居民带来采光不够、通风不良和蚊虫过多的困扰。《居住区绿地设计规范》(DBIIT214-2003) 中规定宅间绿地的宽度应该在 20m 以上，落叶乔木栽植位置应与住宅建筑有窗一侧的立面保持 5m 的距离，从而满足住宅建筑对于通风和采光的基本要求。宅间绿地植物配置要结合乔木以后的生长状态预留出其发展的空间，并与住宅楼保持一定的距离。

住宅楼入口　　设计公司：意大利迈丘设计　　项目名称：深圳鸿基 宝翠苑

住宅楼前的植物配置适宜以小乔木、花

灌木搭配低矮草坪地被为主，利用姿态万千的观花植物打造美丽的楼前景观。

（1）住宅楼入口植物配置。

住宅楼入口是居民一天中出入的必经之路，这一处的植物景观设计需要营造一个欢迎、温馨、美丽的效果。可以选择在住宅楼入口处对植树形优美、终年常绿或花期稳定、管理粗放的植物，如罗汉松、迎客松、造型桂花等。造型树种对植，整齐而不失活泼，简洁而又富于变化，是住宅楼入口植物配置较好的设计手法。为了保证人流量大时入口处的通畅和安全，一般在入口处不适宜栽植体量过大，枝叶、果实、花朵含有毒素，枝叶锋利或花粉易引发过敏等类型的植物。

（2）住宅楼墙角植物配置。

住宅楼的墙角通常具有比较生硬的建筑线条，不太美观。一般住宅楼处的墙角，我们可以选用合适的植物进行修饰和遮挡。这里适合采用丛植的方式，选择小乔木、花灌木、观叶灌木等多种植物进行合理搭配栽植。

建筑墙角的观赏面一般是呈近似于扇形角度展开的，由墙角到外侧慢慢延伸开来，为了避免栽植在里面的植物被遮挡，不能突出其观赏价值，建筑墙角的植物配置一般采用从墙角到外侧的、植物由高至低栽植的方式，靠里侧的植物可以选择花色美丽、浅根性的开花小乔木，如芭蕉、海棠等，靠路边外侧的植物则可以选择叶片具有较高观赏价值的灌木植物，如红花檵木、金叶女贞、非洲茉莉或海桐球等，靠近观赏者的地方可以栽植一些时令草花点缀草坪。

（3）住宅楼墙基植物配置。

建筑墙基是建筑物的基础部分，有着支撑墙体的重要作用。一般的建筑墙基会用石材、砖材等进行装饰。住宅楼墙基附近的植物配置可以缓解建筑物僵硬的线条感和生硬的边界感，是由室内向室外自然过渡的必要手段。建筑墙基植物配置需要考虑墙基的材质、质地和色彩等多方面因素来选用合适的植物进行美化，既不能平淡无特色，也不能太过夸张而与环境不相符合。另外，美化建筑环境是在保证建筑物不受到干扰和破坏的前提下进行的，因此在墙基保护方面，要求墙基附近的 3m 范围内不能栽植深根性的乔木和灌木，可以适当栽植根系较浅的小乔木、灌木或草本花卉。

↑ 住宅楼墙角

设计公司：意大利迈丘设计　　项目名称：深圳鸿基 宝翠苑

↓ 住宅楼园路

设计公司：意大利迈丘设计　　项目名称：深圳鸿基 宝翠苑

2. 城市住宅区园路植物配置。

住宅区内的园路就好像人体内的血管一样，对住宅区建设来说是十分重要和必不可少的。园路两侧的植物景观设计可以丰富住宅区景观，并且起到引导居民路线的作用。大部分的住宅小区园路，可以沿小区道路两侧栽植以速生阔叶树种为主体的道路框架，其中以常绿乔木为主，在高大乔木下可以栽植较耐荫的灌木植物。片植乔木、灌木和草本植物，可以形成植物景观在色彩上的对比，达到变化与统一相结合的配置效果。

下面介绍几种常用的住宅区园路的植物配置形式。

南方地区可以采用：

（1）桂花＋罗汉松＋刺桐＋鸡蛋花－非洲茉莉＋金叶假连翘＋苏铁－红花檵木＋鹅掌柴＋福建茶＋马尼拉草。

（2）红千层＋俏黄栌－野牡丹＋红叶石楠＋福建茶＋金叶假连翘＋红花檵木－朱蕉＋天门冬＋五色梅＋肾蕨。

（3）刺桐＋小叶榕＋糖胶树－小蒲葵＋红叶石楠＋红花檵木＋黄金榕－鹅掌柴＋雪茄花＋天门冬。

（4）红花羊蹄甲＋香樟＋糖胶树＋水杉＋蒲葵＋俏黄栌＋南洋楹－非洲茉莉＋红花檵木＋金叶假连翘＋金边龙舌兰红背桂＋龙船花－紫花马缨丹＋草坪草。

（5）紫荆＋蒲葵－非洲茉莉＋金叶假连翘。

北方地区可以采用：

（1）刺桐＋云杉＋垂柳－金叶女贞＋大叶黄杨－夏堇。

（2）国槐＋刺桐＋三角枫＋云杉＋紫薇－大叶黄杨＋珍珠梅＋金叶女贞＋红花檵木－夏堇＋矮牵牛。

（3）白桦－鼠尾草。

（4）元宝枫－金娃娃萱草＋红花檵木－麦冬＋早熟禾。

（5）国槐－月季＋金森女贞＋红花檵木＋南天竹＋红叶石楠＋山茶－毛杜鹃。

住宅区园路　设计公司：深圳市柏涛环境艺术设计有限公司　项目名称：东莞恒大雅苑

3. 城市住宅区康乐游戏区植物配置

住宅区内的康乐空间一般是供老人和小孩锻炼身体和玩耍休息的场所。游乐场所有比较丰富的健身器材和玩乐器材，目比于住宅区内别的空间，游乐空间的人流量更大，居民所处时间也更长，所以合理的植物配置在这里显得更加重要。

住宅区内康乐游戏区的植物配置需要注意以下几个方面。

（1）在环境布局和植物配置时，以自然有趣味为主，少一些人工造作。

（2）更加注重游乐环境的安全性。在植物配置的过程中，切记不可栽植枝叶有锋利尖角的植物，如枸骨等；不可栽植支叶花果具有毒液的植物，如夹竹桃、海芋等；不可栽植较易引发过敏现象的植物等。

（3）植物配置应更加具有开放性和参与性。康乐游玩区域由于每天进出人数比较多，不仅健身器械具有较大损耗，周围的植物也会比其他区域的植物被破坏得更加严重一些。因此这个区域需要选用管理粗放、耐修剪、耐践踏的植物和草种。

● 住宅区园路　　设计公司：深圳市柏涛环境艺术设计有限公司　　项目名称：东方普罗旺斯

上海 OCT 华侨城十号院

风格与特点：

- 风格：现代禅意。
- 特点：上海 OCT 华侨城十号院的设计理念来源于日式庭院带来的启示。该设计继承了禅式花园的精神，抓住了水、石、植物三元素，通过不同的自然元素打造出充满禅意、诗意和自然的体验空间，让居者陶冶身心、释放压力、感受自然与人文的和谐节拍，让栖居回归真正的自然中。在充满禅意的自然空间放松身心，在幽静清新的环境中感受清凉、舒适，让思绪穿梭于水、石、植物之间，给身心一个自由休憩的港湾。

实例解析

- 设计公司：SED 新西林景观国际有限公司
- 项目地点：上海市
- 项目面积：73,067m^2

景观植物：乔木——香樟、鸡爪槭、日本早樱、垂柳、朴树、桂花、杨梅、香泡、白玉兰、红梅、乌桕、合欢等

灌木——红叶石楠、红花檵木、金森女贞、海桐、八角金盘、无刺枸骨、山茶、水果蓝、法国冬青、金边黄杨、瓜子黄杨、小叶栀子等

地被——毛杜鹃、黄金菊、石竹等

创建一个中西合璧的纯独栋时代庭院是我们对该项目的景观设计定位，即把东西方精髓相结合，极力营造一种现代化的智慧空间，同时追求自然的精神与气息。

项目所在地的规划区整体设计风格为浪漫的意大利风格，规划严谨，具有比较统一的设计风格和设计理念。上海华侨城十号院位于该地块，作为浦江城高端住宅项目，既要与整体规划风格保持一致，又要有所突破，具备高端住宅楼盘应有的特殊性和独创性。本案建筑设计师在延续意大利风情街区特点的同时，希望更多地呈现出中国式院落的特点，于是采用了意式与中式相结合的建筑设计风格，在整体规划结构上凸显意大利风格，在具体院落设计上展现中式风格的光彩。

植物景观设计：香樟 + 鸡爪槭 + 朴树　红叶石楠 + 鸡爪槭 - 海桐球 + 红叶石楠 + 红花檵木 + 八角金盘 + 无刺构骨 + 水果蓝 - 金森女贞 + 石竹

点评：华侨城十号院俨然完全掩映于森林之中，远远望去，建筑依稀显露一角。还未入其中，20m 宽的绿植林带就用自然生态的气息为世人带来第一眼的美好。沿绿植林带一路驶来，三棵高大的银杏为这条路带来些许变化，它暗示着主入口的到来。不见标识、不见门亭，浑然一副森林之画的感受。如果不说，想必很难猜到这就是十号院吧。

植物名称：香樟

常绿大乔木，树形高大，枝繁叶茂，冠大荫浓，是优良的行道树和庭院树。香樟树可栽植于道路两旁，也可以孤植于草坪中间作孤赏树。

植物名称：红叶石楠

常绿小乔木，春季时新长出来的嫩叶红艳，到夏季时转为绿色。因其具有耐修剪的特性，通常被做成各种造型，运用到园林绿化中。

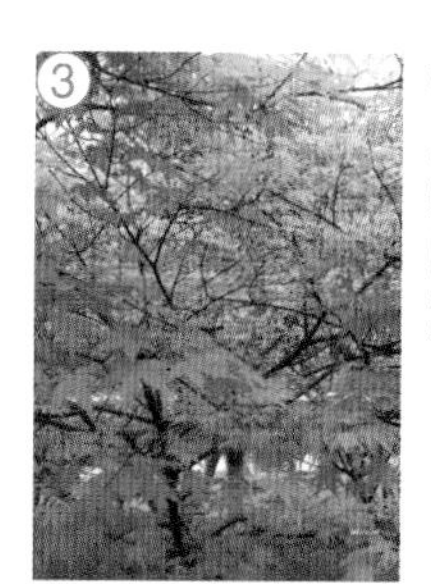

植物名称：鸡爪槭
又名鸡爪枫、青枫等，是落叶小乔木，叶形优美，入秋变红，色彩鲜艳，是优良的观叶树种，以常绿树或白粉墙作背景衬托，观赏效果极佳，深受人们的喜爱。

植物名称：金森女贞
常绿灌木，长势强健，萌发力强，常用作自然式绿篱材料；喜光，又耐半荫，可用作建筑基础种植。春季开花，有清香，秋冬季结果，观赏价值较高，常与红叶石楠搭配。

植物名称：海桐
叶光滑浓绿，四季常青，可修剪为绿篱或球形灌木用于多种园林造景，而良好的抗性又使之成为防火、防风林中的重要树种。

植物名称：石竹
茎直立，花色艳丽且色彩丰富，花瓣边缘似铅笔屑。是花坛、花境的常用材料，也可用来点缀草坪及坡地，栽植于行道树的树池中也别有一番美景。

植物名称：红花檵木
常绿小乔木或灌木，花期长，枝繁叶茂且耐修剪，常用作园林色块、色带材料。与金叶假连翘等搭配栽植，观赏价值高。

植物名称：八角金盘
天南星科草本植物，叶掌状，耐阴蔽，是良好的地被植物。

植物名称：无刺枸骨
叶形奇特，叶片亮绿革质，四季常绿，秋季果实为朱红，颜色艳丽，是良好的观叶、观果植物，可以栽植于道路中间的绿化带和庭院角落。它是枸骨的变种，叶片与枸骨相比，圆润无刺。

植物名称：水果蓝
香料植物，对环境有超强的忍耐能力，春季开淡紫色小花，花期约一个月，枝叶被白色短小绒毛，叶色在细小绒毛的衬托下显淡淡的蓝灰色，是园林中少见的颜色，丰富了园林的色彩。

植物名称：朴树
落叶乔木，树冠宽广，孤植或列植均可。对多种气体有较强的抗性，因此也常用于工厂绿化。

↑ 植物景观设计：香樟 + 银杏 + 红叶石楠 + 桂花 - 无刺构骨 - 石竹 + 金森女贞 + 红叶石楠 + 山茶 + 红花檵木

点评：入口大门处的设计比较现代、简约，没有太多大体量的建筑和景观元素。灰黑色的文化石景墙不过分，不张扬，显得低调有韵味在植物景观设计方面，则选用颜色比较鲜艳且互相形成对比的常绿乔灌木（香樟、无刺构骨等）和色叶乔灌木（银杏、红枫、红叶石楠等）

植物名称：山茶

常绿乔木或灌木，中国传统的十大名花之一，品种丰富，花期 2 ～ 4 月，花大艳丽。树冠多姿，叶色翠绿。耐荫，配置于疏林边缘，效果极佳，亦可散植于庭院一角，格外雅致。

植物名称：桂花

常绿小乔木，又可分为金桂、银桂、月桂、丹桂等品种。桂花是极佳的庭院绿化树种和行道树种，秋季开放，花香浓郁。

植物名称：杨梅

小乔木或灌木，树冠饱满，枝叶繁茂，夏季满树红果，甚为可爱，可用作点景树或庭荫树，也是良好的经济型景观树种。

植物名称：法国冬青

又名珊瑚树，优良的常绿灌木，耐修剪，抗性强，常用作绿篱。

植物名称：日本早樱

落叶乔木，花期为春季，花先于叶开放，盛花期时，满树粉花，树形优美，远远望去，似乎一团团粉色云朵，也像淡粉色的雪团，甚是美丽壮观。园林中可以栽植成林，用以营造花海景观。花落后枝叶舒展，到了夏季，成年树种枝繁叶茂，绿荫如盖，十分美丽。

植物景观设计：鸡爪槭 + 杨梅 + 香樟 + 日本早樱 - 珊瑚树篱 + 红叶石楠

点评：住宅楼过道栽植一棵树形优美的鸡爪槭，叶形美丽，树形高大，即使还没到秋季观叶期，也颇具有一番韵味。楼基角处栽植一列矮小的红叶石楠，嫩叶红艳，与鸡爪槭形成对比，植物构成的线条柔软而自然，不拘泥于直线，在一定程度上柔化了建筑物的线条感，减少了一些生硬的感觉。

5
3
4

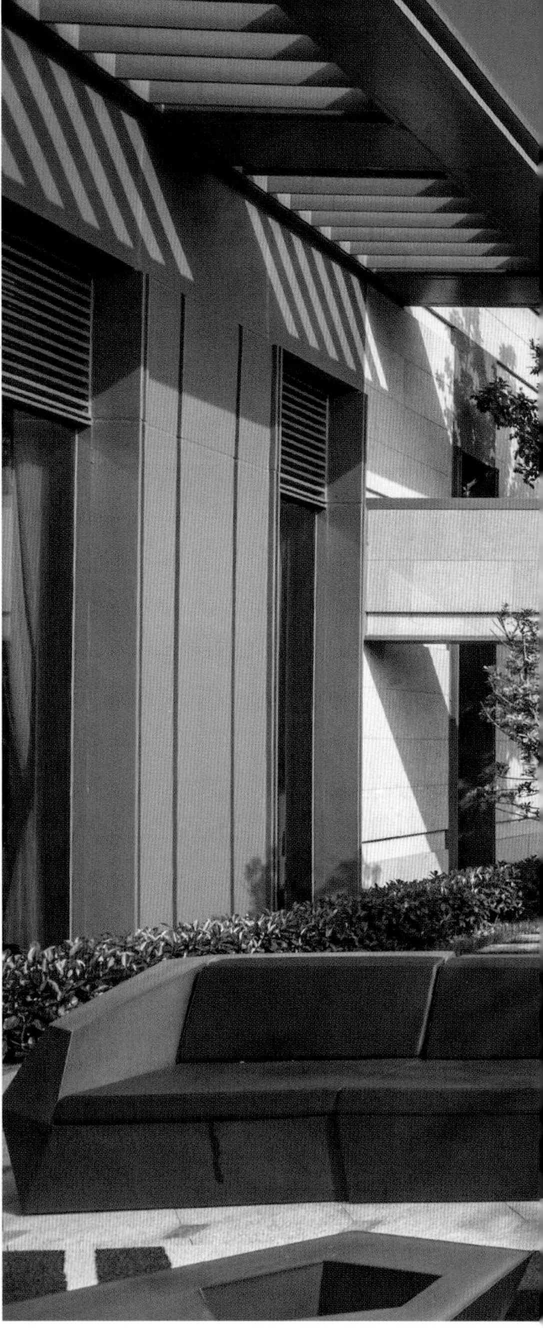

↑ 植物景观设计：香泡 + 香樟 + 垂柳 - 杨梅 -
白玉兰 + 桂花 + 杨梅 + 红叶石楠 + 日本早
樱 + 红梅 - 红叶石楠 + 珊瑚树篱 + 金森女
贞 - 花叶芦竹 + 水生鸢尾

点评：静园是中央水景区，也是本案重点打造
的至尊水岸别墅，分南北两个水塘，设计遵循诗
意和自然的主题设计理念，意在体验自然湖水之
美，通过自然驳岸、植物和水的精心处理，让居
者能暂时忘却尘世繁杂，让大脑和身体变得宁静
和安详。

植物名称：香泡
常绿小乔木或灌木，喜温暖的气候环
境，花期较长，芬芳馥郁，果实较大，
是良好的观花、观果绿化植物，可种
植于城市公园和别墅庭院内。

植物名称：垂柳
枝条下垂，常植于水边，营造特别的滨水景观效果。杨柳依依，颇具意味，清风徐来，柳枝摇曳，倒映水中，极富诗情画意。

植物名称：花叶芦竹
多年生挺水草本观叶植物。常用于池畔、湖边与水生花卉搭配栽植。

植物名称：红梅
梅花的一种，花形小巧，花色美艳，是观赏价值较高的小乔木。可与常绿乔木混搭栽植，也可成片栽植以营造花海景观。

植物名称：水生鸢尾
观赏价值较高，叶片呈剑形，形态美丽，花型大且美丽，较耐荫。

↑ 植物景观设计：香樟 + 香泡 + 乌桕 - 桂花 + 白玉兰 + 红叶石楠 + 鸡爪槭 + 日本早樱 + 杨梅 - 红叶石楠 + 石竹 + 无刺枸骨

点评：景观设计师借自然之手，从自然界中提取最质朴的元素，将镜水、素石、蔓绿的植被融为一体，不矫揉造作，不优柔寡断，每一寸空间都凝练着淡淡的静谧，仿佛置身于禅意的世界。而这一份难得的静谧并非随便可得，这是一处只有智者方可得到的居所。居者在这里能得到身心的陶冶、压力的释放，尽情感受宁静自然世界带来的舒适，让栖居回归真正的自然之中。自然中隐隐透出低调的智慧，没有大力渲染的色彩，没有浮夸的外表，这样低调奢华的“隐世”大宅，也是居者智慧人生、高品质生活的完美展现。

植物名称：乌桕
常绿小乔木或灌木，喜温暖的气候环境，花期较长，芬芳馥郁，果实较大，是良好的观花、观果绿化植物，可栽植于城市公园和别墅庭院内。

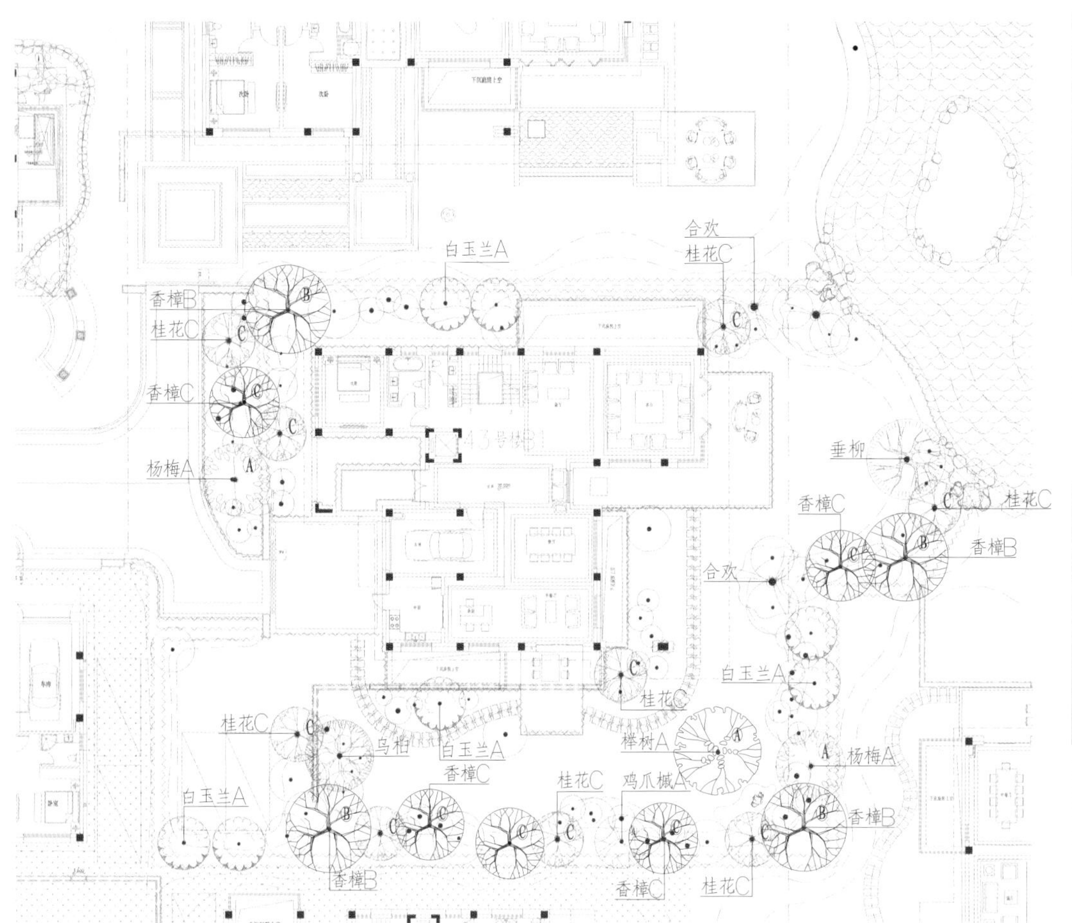

乔木配置平面图

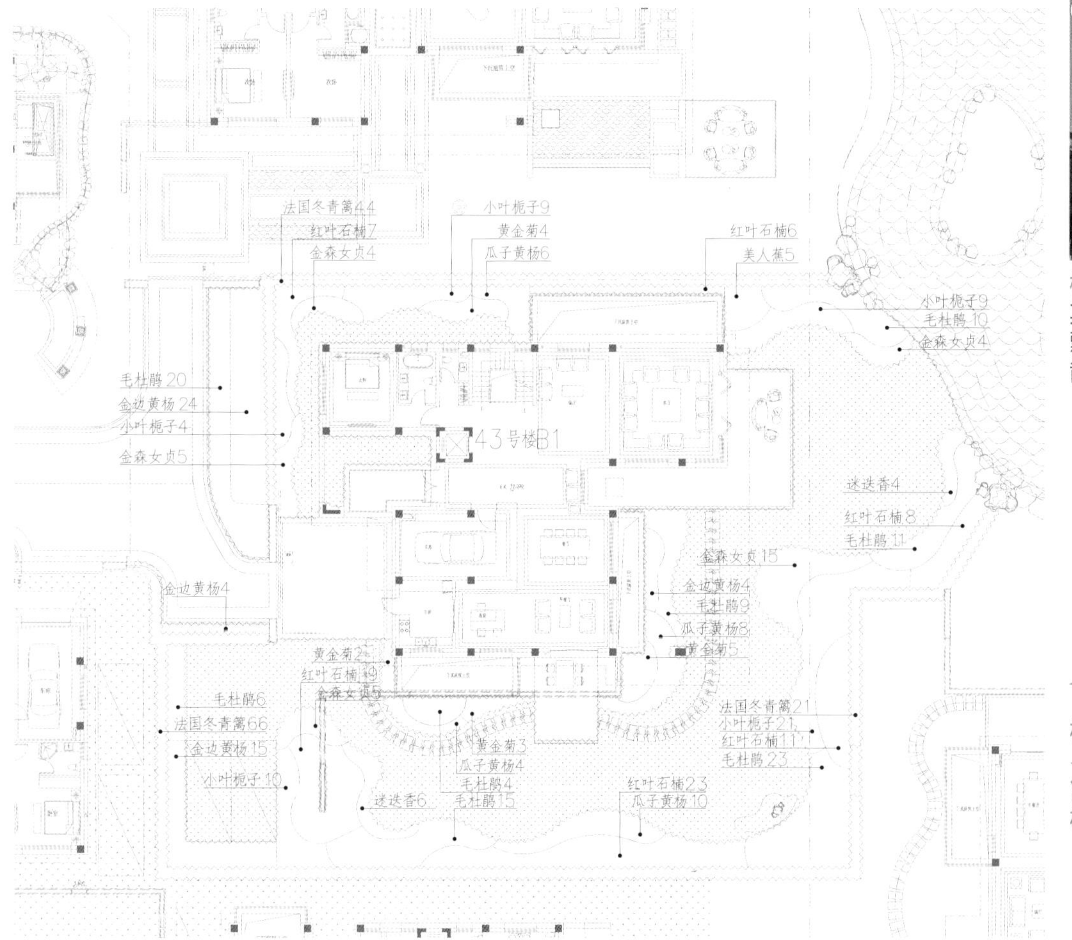

乔灌木配置平面图

①

植物名称：白玉兰
花大色白，花先于叶开放，盛花期时满树白花，甚为壮观，是观赏价值很高的庭院绿化树种。

②

植物名称：春鹃
常绿灌木，属于杜鹃的一种，春季开花，花色美丽，较耐荫，可栽植于林下，营造乔灌草多层次景观。

③

植物名称：红枫
其整体形态优美动人，枝叶层次分明，飘逸，广泛用作观赏树种，可孤植、散植或列植，别具风韵。

→

植物景观设计：香樟－白玉兰＋桂花＋红叶羽毛枫－珊瑚树篱－山茶－西洋杜鹃＋红叶石楠＋石竹

①
②
③

万科金色城市

风格与特点：

- 风格：新装饰主义风格。
- 特点：项目位于武汉白沙洲，贯穿了两条街道。在设计中，新西林遵循艾伦雅·各布斯“一条极佳的街道应有助于塑造社区生活，应促进人与人之间的交往活动，共同收获个体无法独自创造的社区共生”的理念，以北美新古典风格创造令人难忘的优美社区步行街区。铺装以暖色调为主，具有风情感的小品则凸显了项目的品质。

实例解析

- 设计公司：SED 新西林景观国际有限公司
- 项目地点：湖北省武汉市
- 项目面积：104,424m²

景观植物：乔木——桂花、国槐、银杏、香樟、枇杷、鸡爪槭、乐昌含笑、紫薇、柚子、香泡、日本晚樱、雪松、紫叶李、朴树、水杉、栾树、杜英、慈竹、木芙蓉、垂枝榆、结香等

灌木——圆柏、海桐、红果冬青、大叶黄杨、山茶、红瑞木、红叶石楠、苏铁、花叶女贞、六道木等

地被——杜鹃、大花栀子、春鹃、花叶女贞等

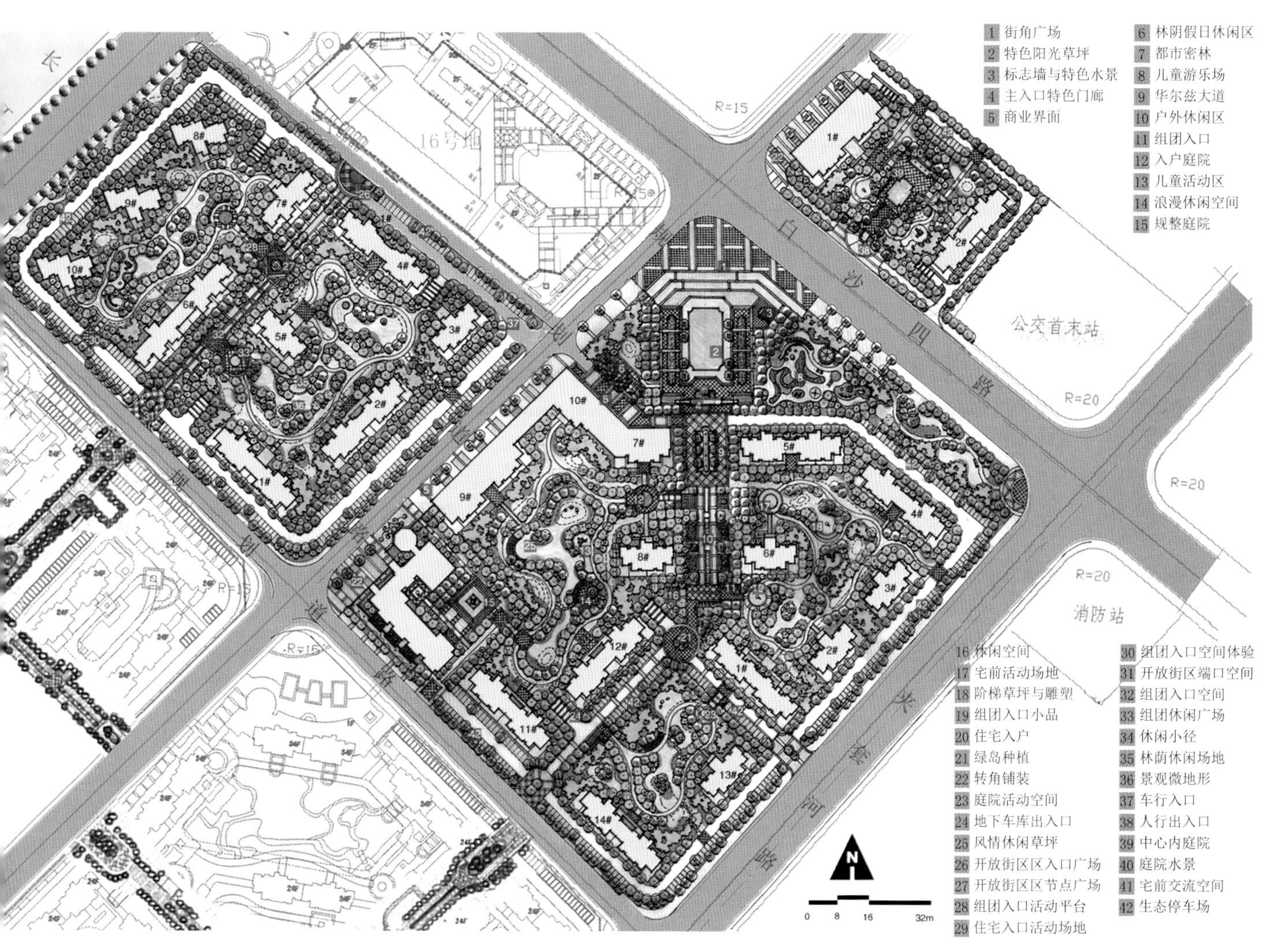

方案总平面图

植物名称：红花檵木
常绿小乔木或灌木，花期长，枝繁叶茂且耐修剪，常用作园林色块、色带材料。与金叶假连翘等搭配栽植，观赏价值高。

植物名称：柚子
常绿乔木，是经济树种，其果实圆润、水分充足是常见的水果。香柚树可栽植于庭院中，春季观秋季观果，是良好的庭院绿化树种。

植物景观设计：柚子 + 桂花 + 栾树 + 慈竹 + 杜英 + 国槐 + 香樟 - 桂花 + 木槿 + 慈竹 - 红花檵木 + 毛杜鹃 + 海桐

点评：靠近小区外围临街一侧的景观设计得比较密集，主要是考虑到主干道街区往来的车辆和行人会给小区内带来噪音和粉尘污染因此在靠近外围的地方，较多地栽植树形高大、冠大荫浓的常绿乔木。

植物名称：毛杜鹃
花多，可成片种植，可修剪成形，也可与其他植物配合种植形成模纹花坛。

植物名称：桂花
常绿小乔木，又可分为金桂、银桂、月桂、丹桂等品种。桂花是极佳的庭院绿化树种和行道树种，秋季开放，花香浓郁。

植物名称：栾树
又称大夫树、灯笼树，落叶乔木，树形端正，枝叶茂密而秀丽，春季嫩叶多为红叶，夏季黄花满树，入秋叶色变黄，果实紫红，形似灯笼，十分美丽。其适应性强、季相明显，是理想的绿化树种。

植物名称：木槿
也叫无穷花，落叶灌木或小乔木，花形有单瓣、重瓣之分，花色有浅蓝紫色、粉红色或白色之别，花期 6 ～ 9 月，耐修剪，常用作绿篱。

植物名称：慈竹
禾本科植物，竹秆直立，叶片茂盛翠绿，可栽植于庭院中。竹秆可用来编织竹器，如竹篓、竹筐等，经济价值颇高。

植物名称：杜英
常绿乔木，属于速生树种。叶落前红叶随风飘摆，甚为美观。冬季至早春时节，树叶变为绯红，满树树叶红绿相间，观赏价值高，常在庭院中作景观树。

植物名称：国槐
落叶乔木，羽状复叶，深根，耐烟尘，能适应城市街道环境，是中国北方城市广泛应用的行道树和庭荫树，应用前景广泛。

植物名称：香樟
常绿大乔木，树形高大，枝繁叶茂，冠大荫浓，是优良的行道树和庭院树。香樟树可栽植于道路两旁，也可以孤植于草坪中间作孤赏树。

植物名称：海桐
叶光滑浓绿，四季常青，可修剪为绿篱或球形灌木用于多种园林造景，而良好的抗性又使之成为防火、防风林中的重要树种。

1
2
3
4
5

①植物名称：大叶栀子（大花栀子）

大叶栀子为栀子花的变种，常绿灌木，极芳香，花期 5 ～ 7 月，是优良的芳香花卉。

②植物名称：春鹃

常绿灌木，属于杜鹃的一种，春季开花，花色美丽，较耐荫，可栽植于林下，营造乔灌草多层次景观。

③植物名称：银杏

树形优美，树干高大挺拔，叶形奇特美丽，叶色秋季变为金黄色，是优良的行道树和庭院树种。

④植物名称：花叶女贞

常绿小乔木或灌木，叶片斑驳似花纹，花具芳香。属于园林中较常使用的彩叶树种。可栽植于建筑物旁作为基础种植，也可修剪成规则式造型，种植于花坛或花池中。

←

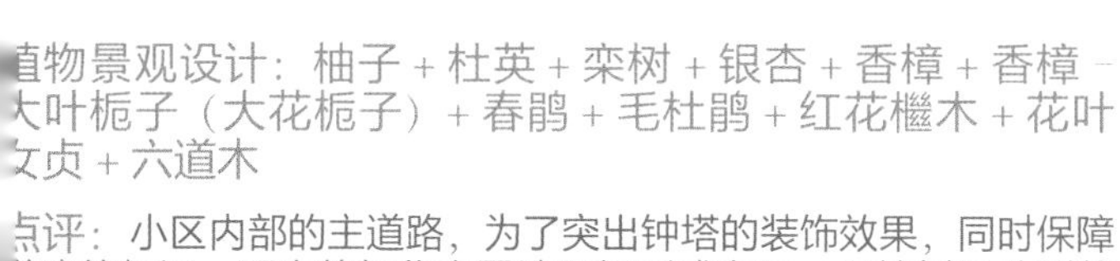

植物景观设计：柚子 + 杜英 + 栾树 + 银杏 + 香樟 + 香樟 + 大叶栀子（大花栀子）+ 春鹃 + 毛杜鹃 + 红花檵木 + 花叶女贞 + 六道木

点评：小区内部的主道路，为了突出钟塔的装饰效果，同时保障道路的畅通，两旁的绿化主要选用规则式布局，香樟树呈队列状栽植于景观树池里。规整式的花池里栽植修剪成矩形方块的红花檵木、花叶女贞等。

⑤植物名称：六道木

落叶灌木，其杆具有六条竖向纹路，故有六道木之称。叶色碧绿，白花美丽，每年的夏季到秋季都是其花期。可以栽植于林下，也可列植于道路两旁作为花篱。对生长环境要求不高，比较容易栽植和打理。

植物景观设计：香樟 + 柚子 + 乐昌含笑 - 大叶栀子 + 毛杜鹃 + 小叶女贞 + 六道木 + 花叶女贞

点评：香樟树对称式栽植，草坪中间使用红花檵木、花叶女贞等常绿灌木修剪成型的灌木花坛，营造了一个开放式、通透的小区环境。根据住户的年龄阶段，小区内分别设计了各自适宜的舒适空间，从而达到丰富业主业余生活的目的。针对小朋友，利用色彩缤纷的儿童游乐器械和安全无毒的植物景观打造了一处满足住户需求的儿童乐园；针对青年业主，设计师通过景观小品和景观植物，营造了开放、半开放和私密空间；针对老年业主，设计师专门建造了可以放松身心、休闲散步的运动公园和康乐公园。

植物名称：乐昌含笑
树形高大优美，枝叶翠绿浓密，花白色，大而芳香，常用于作庭荫树及行道树。

植物名称：小叶女贞
枝叶整齐、耐修剪，是庭院中较常见的景观绿化植物，可以与红花檵木、红叶石楠等植物搭配种植，是重要的绿篱植物。

↑ 植物景观设计：香樟 + 枇杷 + 柚子 + 朴树 + 乐昌含笑 + 银杏 - 小叶女贞 + 六道木 - 花叶女贞 + 大叶栀子

植物名称：枇杷
喜光，喜温暖气候，稍耐荫，稍耐寒，不耐严寒，可栽植于庭前屋后。

植物名称：朴树
落叶乔木，树冠宽广，孤植或列植均可，且其对多种气体有较强抗性，也常用于工厂绿化。

↑ 植物景观设计：广玉兰 + 紫叶李 + 紫荆 + 朴树 + 香樟 + 樱花 - 红叶石楠 + 紫荆 + 凤尾竹 - 海桐 + 大叶栀子 + 毛杜鹃

点评：SED 新西林在完成该项目的景观设计时充分考虑到现代“素质教育”培养儿童认知、交往等多元智能发展的需求，因此在设计中着力创造适于儿童游戏发生及儿童认知发展的户外活动空间。在该项目中，儿童户外活动空间的安全与冒险体验，既矛盾又相关，需要恰当的处理。SED 根据项目场地现状分析，考虑周边实际情况，最大程度保护儿童的健康、安全，让孩子们在自由而愉快的环境下发挥自己的想象力和创造力。另外根据不同年龄阶段孩童的喜好、注意力等因素设置游乐项目，更有亲子娱乐项目，家长休憩场所等安排。美好的城市未来就在孩子们的手中，他们是武汉的新生与活力。

① 

植物名称：广玉兰
常绿小乔木，又被称作为荷花玉兰，树形高大雄伟，叶片宽大，花如荷花，适宜孤植、群植或丛植于路边和庭院中，可作园景树、行道树和庭荫树。

植物名称：紫叶李

落叶小乔木，花期 3 ～ 4 月，花叶同放，园林应用广泛。孤植于门口、草坪能独立成景，点缀园林绿地中能丰富景观色彩，成片群植构成风景林，景观效果颇佳。

植物名称：樱花

花色繁多，花姿优美，是庭院景观绿化中较常用的树种。樱花常与浪漫联系在一起，盛花期时，大片的樱花树林宛如粉色的花海，容易营造浪漫、舒缓的景观。作为孤赏树栽植于庭院草坪之中也别有风味。

①
②
③

植物名称：紫荆

落叶小乔木或灌木，具有耐寒性，耐修剪能力较强，花先于叶开放，簇生于枝干上，花期一般在春季，花色鲜艳，盛花期时，有一种花团锦簇、枝叶扶疏的景象。紫荆可列植于操场等地，也可孤植于庭院。有家庭美满的寓意。

植物名称：凤尾竹（观音竹）

枝叶秀丽，株形小巧密集，适宜用来点缀庭院角落，也可和南天竹等秋叶变色植物搭配种植于假山、山石旁。

植物名称：红叶石楠

常绿小乔木，春季时新长出来的嫩叶红艳，到夏季时转为绿色，因其具有耐修剪的特性，通常被做成各种造型运用到园林绿化中。

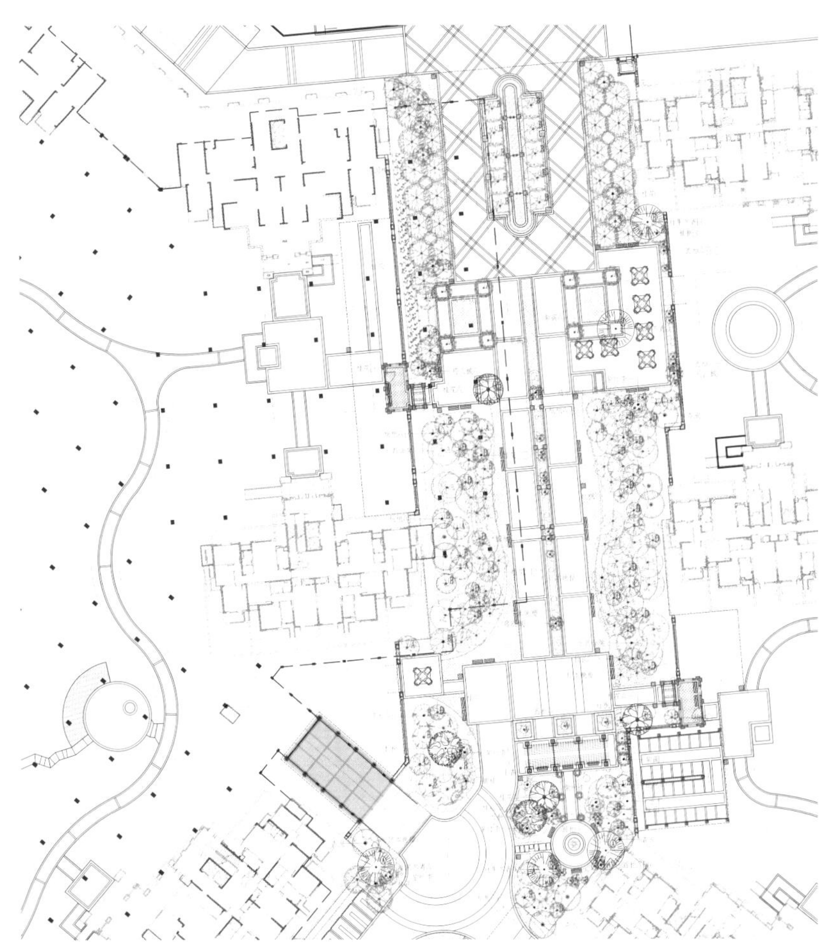

乔木配置平面图

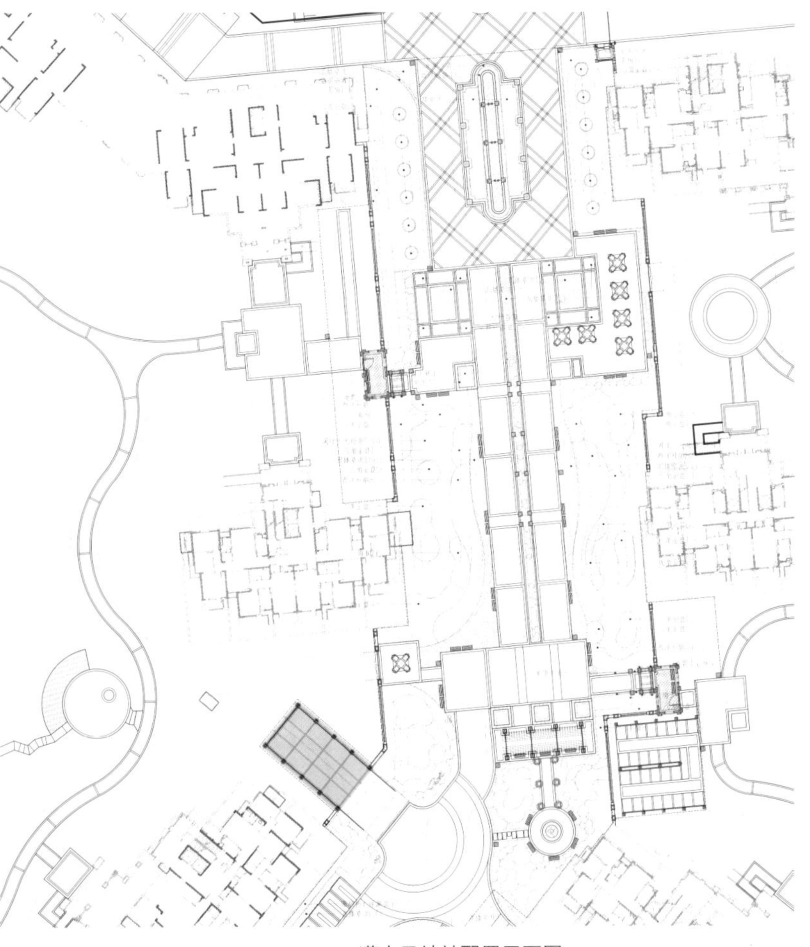

灌木及地被配置平面图

中海万锦江城

风格与特点：

- 风格：装饰派艺术（Art-Deco）风格与新古典风格。
- 特点：装饰艺术风格与新古典自然风格渲染出社区强烈的休闲、浪漫、纯净、自然的艺术氛围。在为住户创造舒适的居住环境的基础上，保留了装饰艺术立面风格硬朗挺拔的帝王气质，又体现出新古典风格的尊崇高贵。同时又伴有休闲和浪漫的气息。

SED 将音乐这一主题贯穿整个园区的景观，采用简约、自然、对称、休闲浪漫的设计手法，强调空间的近人尺度和舒适感，体现尊贵典雅的气质。从入口处丰富的休闲空间体验，到错落有致的阳光草坪，完整的商业配套以及景观元素的完美融合，都在延续景观与音乐相融合的情谊，谱出一曲美妙浪漫的和谐之曲。

实例解析

- 设计公司：SED 新西林景观国际有限公司
- 项目地点：湖北省武汉市
- 项目面积：75,300m²

景观植物：乔木——银杏、朴树、桂花、红枫、
鸡爪槭、木芙蓉等
灌木——海桐、大叶黄杨、月季、桧柏、
红叶石楠等
地被——沿阶草、春鹃等

万锦江城项目产品主要以高层为主，拥有超
阔楼间距，建筑立面采用经典装饰艺术风格，系
出名门，是彰显优雅永不落幕的高端住宅典范。
以电影《音乐之声》拍摄地奥地利萨尔斯堡为原型，
精心打造皇家雍容礼仪与自然浪漫情趣相融合的
植物景观设计。

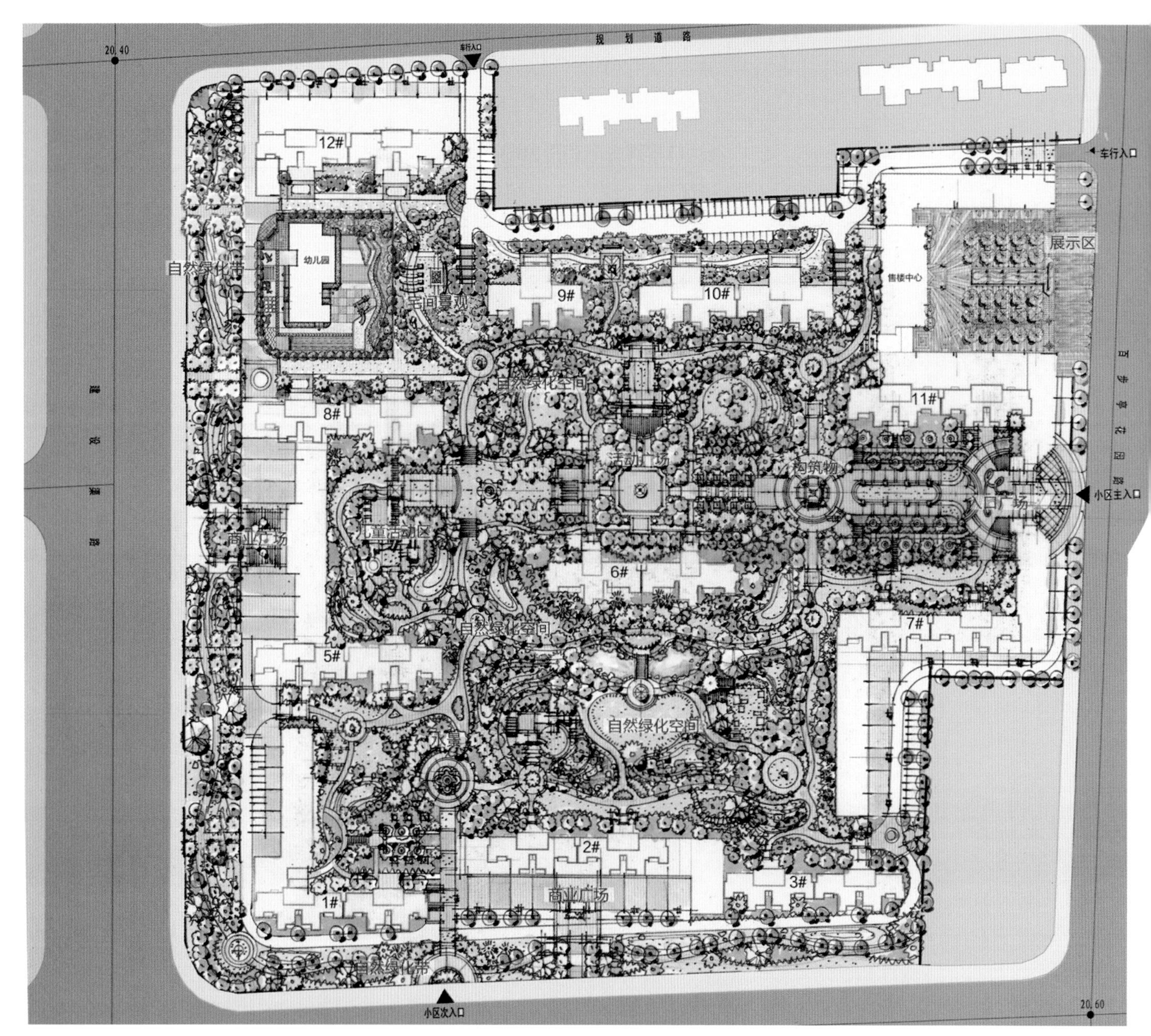
规划道路
车行入口
车行入口
20.40
12#
幼儿园
自然绿化带
宅间景观
9#
10#
售楼中心
展示区
自然绿化空间
8#
11#
活动广场
构筑物
小区主入口
商业广场
儿童活动区
6#
自然绿化空间
5#
7#
自然绿化空间
水景
2#
1#
3#
商业广场
自然绿化带
小区次入口
20.60

方案总平面图

↑ 植物景观设计：香樟－桧柏＋红叶石楠－春鹃

点评：远处钟塔耸立，为了突出建筑物挺拔的气势，园路两旁对植两列香樟。

植物名称：香樟

常绿大乔木，树形高大，枝繁叶茂，冠大荫浓，是优良的行道树和庭院树。香樟树可栽植于道路两旁，也可以孤植于草坪中间作孤赏树。

植物名称：桧柏

常绿乔木，花黄色，适合做绿化树种。

植物名称：红叶石楠
常绿小乔木，春季时新长出来的嫩叶红艳，到夏季时转为绿色，因其具有耐修剪的特性，通常被做成各种造型运用到园林绿化中。

植物名称：春鹃
常绿灌木，属于杜鹃的一种，春季开花，花色美丽，较耐荫，可栽植于林下，营造乔灌草多层次景观。

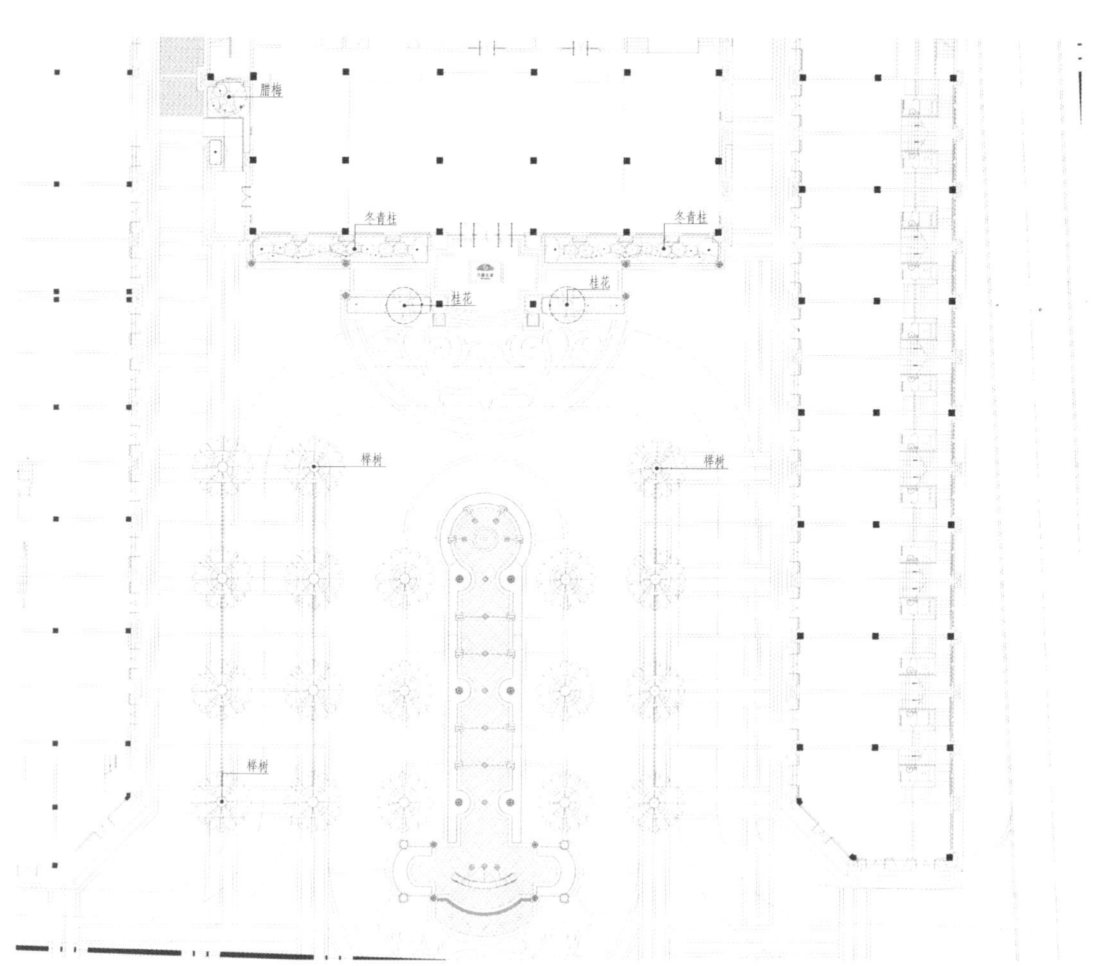

乔木配置平面图

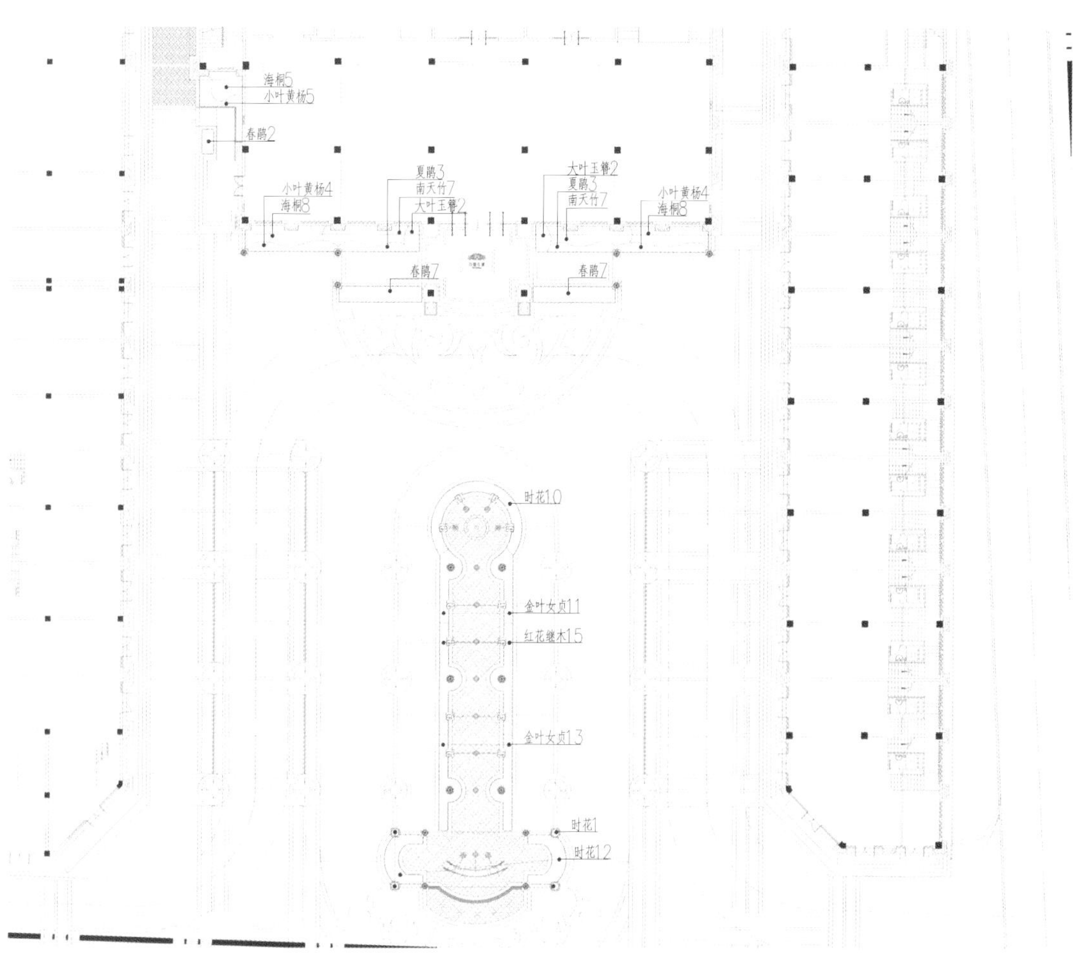

灌木及地被配置平面图

↑ 植物景观设计：大叶女贞 + 银杏 + 桂花 - 海桐 - 沿阶草

植物名称：大叶女贞
枝叶茂密，株形整齐，是园林中常用的绿化树种，可孤植、丛植于庭院和广场，也可修剪整齐后做绿篱使用。

植物名称：银杏
树形优美，树干高大挺拔，叶形奇特美丽，叶色秋季变为金黄色，是优良的行道树和庭院树种。

植物名称：桂花
常绿小乔木，又可分为金桂、银桂、月桂、丹桂等品种。桂花是极佳的庭院绿化树种和行道树种，秋季开放，花香浓郁。

植物名称：海桐
叶光滑浓绿，四季常青，可修剪为绿篱或球形灌木用于多种园林造景，而良好的抗性又使之成为防火、防风林中的重要树种。

↑ 植物景观设计：银杏 + 朴树 - 红枫 + 鸡爪槭 + 木芙蓉 - 大叶黄杨 + 月季 + 春鹃 + 沿阶草

点评：在住宅楼间的生活小广场，设计师为了保证业主室内的通风和采光，楼前的乔木选择了株形适当、树冠不太浓郁的银杏树。银杏树呈列栽植，秋季时节，金黄色的树叶伴随着空气里阵阵桂花香飘落。

植物名称：红枫
其整体形态优美动人，枝叶层次分明飘逸，广
用作观赏树种，可孤植、散植或列植，别具风韵。

植物名称：沿阶草
终年常绿，叶色淡绿，花直立挺拔，花色淡紫，是良好的地被植物。可栽植于灌木丛下或林下。

植物名称：鸡爪槭
又名鸡爪枫、青枫等，落叶小乔木，叶形优美，入秋变红，色彩鲜艳，是优良的观叶树种，以
绿树或白粉墙作背景衬托，观赏效果极佳，深
人们的喜爱。

植物名称：月季

又称“月月红”，自然花期为 5 ~ 11 月，开花连续不断，花色多深红、粉红，偶有白色。月季花被称为“花中皇后”，在园林绿化中使用频繁，深受人们的喜爱。

植物名称：大叶黄杨

大叶黄杨是一种温带及亚热带常绿灌木或小乔木，因其极耐修剪，常被用作绿篱或修剪成各种形状，较适合于规则式场景的植物造景。

植物名称：木芙蓉

落叶灌木或小乔木，喜温暖湿润和阳光充足的环境，稍耐半荫。花期长，开花旺盛，品种多，花因光照强度的不同，会呈现出不一样的颜色，是很好的观花树种。

植物名称：朴树

落叶乔木，树冠宽广，孤植或列植均可，且其对多种气体有较强抗性，也常用于工厂绿化。

双珑原著

风格与特点：

- 风格：新中式风格。
- 特点：园区和新景观围绕湖区打造具有东南亚风情的、丰富多彩的自然美景，曲桥、本廊、砾石、叠瀑形成一幅动人心弦的美丽画卷。园区主体景观由一条条绿色“巷道”组成，每一条巷道都有独特的入口标识雕塑，彰显独一无二的个性；巷道内以层次丰富的大乔木、小灌木、地被花卉围合出花意盎然、曲折动人的归家之路；每栋住宅前配置石灯花屏，形成自家门前的独有领域，营造尊贵生活、私享门庭的空间气氛。

实例解析

- 设计公司：优地联合（北京）建筑景观设计咨询有限公司
- 项目地点：北京市
- 项目面积：63,000m²

景观植物：乔木——国槐、银杏、山杏、紫叶矮樱、蒙古栎、元宝枫、八棱海棠、红枫、紫叶李等
灌木——木槿、丁香、榆叶梅、大叶黄杨、卫矛、锦带、金银木等
地被——金边玉簪、大花飞燕草、羽扇豆、玉簪、高羊茅、苔草、玛格丽特、福禄考、非洲凤仙、扶芳藤、芒草等

本项目是中央别墅区少有的全区人车分流项目之一。创新酒店式入园大堂，给予业主以崇高生活礼遇；三进照壁体现三重礼序，免私邸为外人一眼望尽；龙形中央水系，无边界水池，与溪涧跌水相映成趣；回字台地景观，避喧腾，藏宅邸于隐秘。

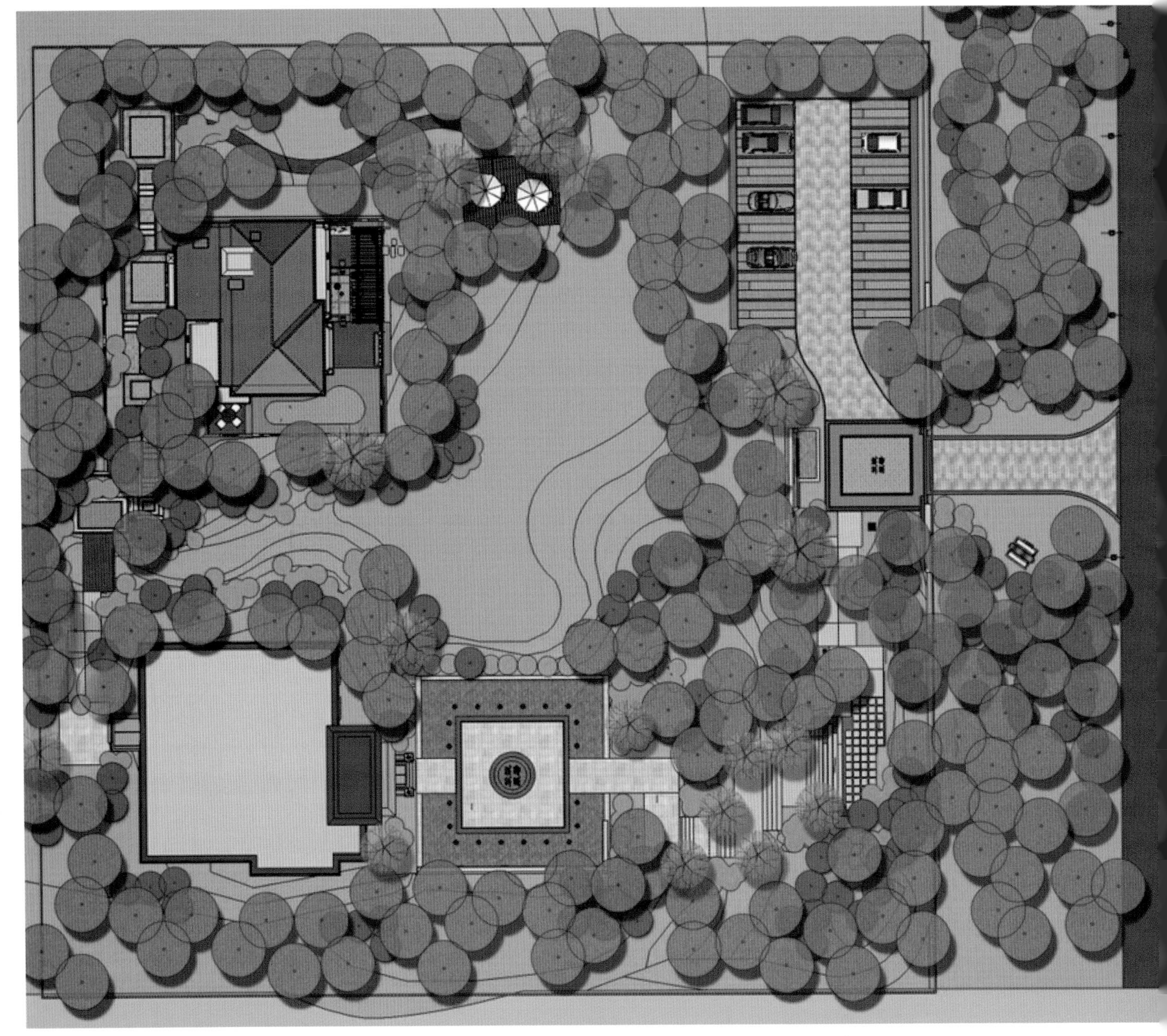

方案总平面图

植物名称：三角梅
常绿攀缘援灌木，又被称为九重葛、毛宝巾、勒杜鹃。由于其花苞片大，色泽艳丽，常用于庭院绿化。

植物名称：鹤望兰
多年生常绿草本植物，又被称为天堂鸟，叶片长圆披针形，株形姿态优美而高雅，花形奇特，状似仙鹤昂首而命名。栽植于庭院内和山石旁颇有韵味。

植物名称：大叶黄杨
大叶黄杨是一种温带及亚热带常绿灌木或小乔木，因为极耐修剪，常被用作绿篱或修剪成各种形状，较适合于规则式场景的植物造景。

植物名称：山杏
落叶灌木或小乔木，喜光，耐寒且耐干旱，经济价值较高，也可用于园林绿化中。

植物名称：羽扇豆

多年生草本植物，也被称为“鲁冰花”。顶生的总状花序十分美丽，可以与毛地黄等花卉植物一同栽植于花境中营造竖向景观。

植物名称：红枫

其整体形态优美动人，枝叶层次分明飘逸，广泛用作观赏树种，可孤植、散植或列植，别具风韵。

植物名称：八角金盘

天南星科草本植物，叶掌状，耐荫蔽，是良好的地被植物。

植物名称：丛生蒙古栎

可栽植于庭院、公园等地作园景树或者列植于道路两侧作行道树，也可与其他常绿树种混交栽植成林。

植物名称：散尾葵

丛生常绿小乔木，茎杆光滑，羽状复叶叶形优美、飘逸。可与其他棕榈科植物搭配栽植，一同营造热带景观。较常见栽植于草地、宅旁。

植物景观设计：山杏 + 蒙古栎 + 红枫 + 山杏 - 芭蕉 + 大叶黄杨 + 散尾葵 + 八角金盘 - 羽扇豆 + 三角梅

植物名称：木茼蒿
别名“玛格丽特”，木质化灌木植物，头状花序，花朵小巧别致，花色有白色、粉色等颜色，是营造美丽花坛、花境的良好材料。

植物名称：紫叶矮樱
蔷薇科落叶小乔木或灌木植物，紫叶矮樱具有修剪、叶与花色彩鲜艳、适应性强和生长速度等优点，是园林绿化中较常使用的花灌木植物。

植物名称：金叶女贞
叶色金黄，具有较高的绿化和观赏价值。常与红花檵木搭配成不同颜色的色带，常用于园林绿化和道路绿化中。

植物名称：白鹤芋
多年生常绿草本植物，叶片翠绿，佛焰花苞洁白株形秀丽清雅，可丛植于庭院内较荫蔽的环境林下，也可作为盆栽放于室内美化环境、净化空气

植物景观设计：蒙古栎 + 山杏 + 蜡梅 + 丁香 + 大叶黄杨 + 八角金盘 + 紫叶矮樱 + 金叶女贞 + 散尾葵 + 卫矛 + 白鹤芋 + 非洲凤仙 + 三角梅 + 羽扇豆

植物名称：蜡梅

盛开于寒冬，花先于叶开放，花香馥郁，花色鹅黄，是冬季为数不多的观花植物。蜡梅不仅有良好的观赏效果，更有斗寒傲霜的美好寓意和品格，是文人雅士偏爱的园林植物。可成片栽植于庭院中，赏其形，闻其味，也可作为主体建筑物的背景单独栽植。

植物名称：非洲凤仙

叶色翠绿，花朵娇嫩，花色玫红色，花期较长，几乎一年四季都可开花。可以用来装饰花坛、花境。

植物名称：卫矛

灌木植物，通常高为 1~3m，其耐修剪能力较强，可修剪成球形或其他造型运用在园林绿化中。卫矛春季嫩叶初为红色后转绿色，秋季时叶片又变为红色，入冬后蒴果裂开变红，具有较高的观赏价值。

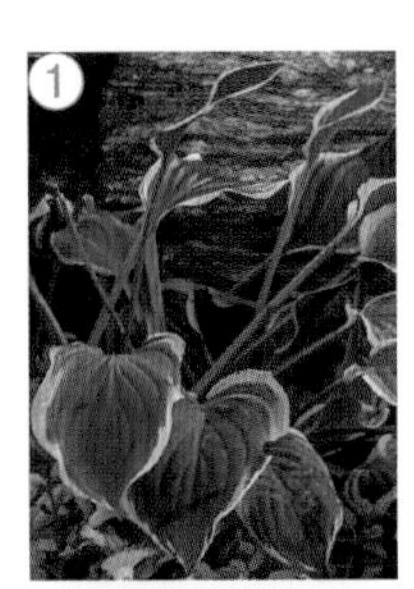

植物名称：金边玉簪
多年生宿根草本植物，其叶缘被金色边，耐荫，可以栽植于乔木层下作地被，花形娟秀，香气袭人。

植物名称：锦带
枝叶繁茂，花色鲜艳，花量较多，因花开太盛，有时锦带枝条会下垂弯曲到地面。花期较长，
中国北方比较重要的春季观花灌木。可以栽植
庭院中点缀主景，也可以栽植于围墙或房前屋
作花篱使用。

植物名称：苔草
多年生草本植物，喜潮湿，多生长于山坡、林下和湖边。

植物名称：樱花
花色繁多，花姿优美，是庭院景观绿化中较常
的树种。樱花常与浪漫联系在一起，盛花期时
大片的樱花树林宛如粉色的花海，容易营造浪漫
舒缓的景观。作为孤赏树栽植于庭院草坪之中
别有风味。

植物名称：紫丁香
春季开花，紫色或蓝色，花大且芳香，是比较有名的庭院花灌木。株形丰满，枝叶茂密，适宜栽植于庭院一角或建筑物窗前。

植物名称：芒草
叶色翠绿，花朵娇嫩，花色玫红，花期较长，
乎一年四季都可开花。可以用来装饰花坛、花境

植物名称：紫叶李

落叶小乔木，花期 3 ~ 4 月，花叶同放，园林应用广泛。孤植于门口、草坪能独立成景，点缀园林绿地中能丰富景观色彩，成片群植构成风景林，景观效果颇佳。

植物名称：国槐

落叶乔木，羽状复叶，深根性，耐烟尘，能适应城市街道环境，是中国北方城市广泛应用的行道树和庭荫树，应用前景广泛。

植物名称：银杏

树形优美，树干高大挺拔，叶形奇特美丽，叶色秋季变为金黄色，是优良的行道树和庭院树。

植物名称：高羊茅

冷季型草坪草，喜光，喜寒冷潮湿的气候，喜肥沃富含有机质的土壤，耐半荫，耐瘠薄。我国北方城市运用较多，多用于运动场草坪和防护草坪。

植物景观设计：樱花 + 蒙古栎 + 紫叶李 + 国槐 + 银杏 – 金叶女贞 + 锦带 + 大叶黄杨 + 紫丁香 – 金边玉簪 + 苔草 + 芒草 + 高羊茅

点评：私家宅邸前的园路安静、舒适，因为“双珑原著”项目的设计师考虑到业主的生活感受，在中央别墅区设计全人车分流模式，为景观让道。业主的车辆从园区门口直接开进地下车库，景观大道上没有了各种车辆的鸣笛声，确保园区安全、安静的同时，也很好地保证了景观的完整性，增加了园区的绿化面积。

③
②
①

植物名称：扶芳藤
园林绿化中常见的植物，适宜栽植于墙角、山石等地作为点缀，也可栽植于疏林下，是覆盖地面的良好观叶植物。攀附能力不强，不适合做立体绿化材料。

植物名称：大花飞燕草
多年生草本植物，因其花形别致似飞燕，所以被称为飞燕草。可栽植于花坛、花境中。

植物名称：非洲茉莉
常绿小乔木或灌木，较耐修剪，枝条碧绿，叶片油亮鲜艳，花形优雅，花香清淡，花期长，是花丛植物设计的好的选择。

←

植物景观设计：红枫 + 山杏 + 樱花 + 丁香 - 春芋 + 非洲茉莉 - 扶芳藤 + 大花飞燕草

植物名称：八棱海棠

因其果实有 6~8 条棱而得名。八棱海棠经济价值颇高，果实香甜，是有名的食用果品。其枝条细长柔美，树形优雅，果实红艳，是美化环境的优良树种。

植物景观设计：八棱海棠 + 樱花 + 元宝枫 + 蒙古栎 + 紫丁香 + 金银木 + 大叶黄杨 + 红瑞木 + 锦带 + 芒草

点评：进入园区，经过景观大道，走过景观木桥，让人不禁联想到“庭院深深深几许”，藏匿于热闹中的私家宅邸显得格外的幽静。屋外的植物设计层次丰富，乔木、灌木、草本花卉植物各层次景观自然而有序。

植物名称：金银木

又名金银忍冬，是花果均有较高观赏价值的花灌木。春季可赏其花闻其味，秋季可观其累累红果。花色初为白色，渐而转黄，远远望去，金银相间，甚为美丽。金银忍冬可丛植于草坪、山坡和建筑物附近。

植物名称：红瑞木

枝条终年红色，落叶后独具一格，观赏性强，与常绿植物搭配相得益彰。

点评：依据北方传统园林造景中“障景”的手法，“双珑原著”项目在园区的主入口设立了“迎水照壁”景观以彰显礼仪；景观大道的“组团照壁”空间隐秘转折；私家宅邸前的“门庭照壁”专属图文定制，三进照壁，三重礼序。这样的设计突出了“双珑原著”遵循“中魂西技”的设计原则，使用先进的工艺技术更好地表现出中式传统文化和礼仪。

17-41栋
BUILDING 17-41
主入口
MAIN ENTRANCE
40栋
BUILDING 40

点评：打造台地式景观，以高出周边的地势造景，缔造出高台之上建筑的领地感。修建缓坡台阶，可以营造一种拾级而上的归家之感。

植物名称：龙血树
常绿小乔木，树姿美观，富有热带特色。可与棕榈科其他植物搭配栽植营造热带风情效果，也可群植于草坪。

植物景观设计：蒙古栎 + 山杏 + 银杏 + 元宝枫 – 散尾葵 + 白丁香 + 大叶黄杨 + 芭蕉 + 三角梅 + 卫矛球 – 龙血树 + 福禄考 + 羽扇豆

点评：整个园区采用回字形景观设计，外环是围绕园区一周的坡地绿化隔离，依托地势，以种植多层次乔灌草的方式保护园区的私密性，营造静谧、舒适的社区氛围。回字形的景观园路可满足业主在园内散步、观景、锻炼等多种需求。

植物名称：福禄考
一年生草本花卉植物，花期较长，可达 4 ～ 6 个月之久，花色丰富，管理较粗放，是花坛、花境的良好选择。

植物名称：白丁香
小乔木或灌木，花色洁白，花型偏小，花期为初夏，是北方优良的庭院、道路绿化观花植物。

植物名称：山杏
落叶灌木或小乔木，喜光，耐寒且耐干旱，经济价值较高，也可用于园林或绿化建设中。

植物名称：丛生元宝枫
落叶乔木，冠大荫浓，树姿优美，叶形秀丽，嫩叶红色，秋季叶又变成黄色或红色，为著名的秋季观红叶树种。

龙湖天璞售楼部

风格与特点：

- 风格：现代轻奢度假风格。
- 特点：以“庭、园”“艺术生活”的生活情景为景观设计主题，打造简约、大气的“大都会”艺术风格，塑造具有高尚艺术品位的景观场景。

实例解析

- 设计公司：优地联合（北京）建筑景观设计咨询有限公司
- 项目地点：北京市
- 项目面积：34,820m²

景观植物：乔木——蒙古栎、白玉兰、银杏、白蜡、元宝枫、早园竹、红枫、碧桃、紫叶矮樱、云杉、法国梧桐、山杏、樱花、白皮松、油松、国槐、玉兰、朴树、鹅掌楸等

灌木——紫薇、大叶黄杨、茶条槭、连翘、木槿、卫矛、黄杨、金银木、锦带、天目琼花等

地被——夏堇、矮牵牛、醉蝶花、玉簪、金边玉簪、矾根、紫叶小檗等

项目位于北京朝阳区，处于五环与六环之间，属于北京核心发展区。项目用地属于东坝南区板块，紧邻东坝国际商务区及第四使馆区。

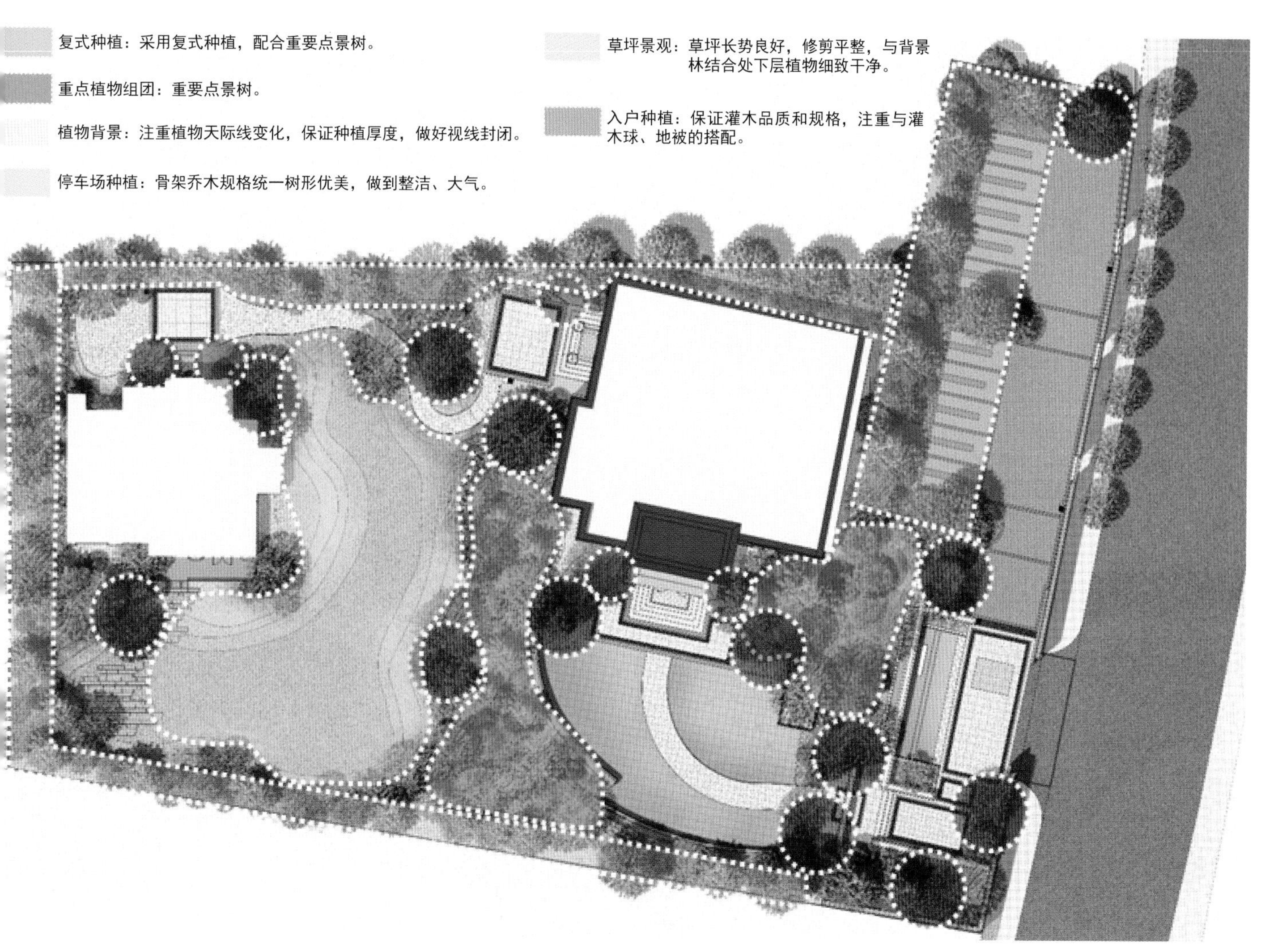

复式种植：采用复式种植，配合重要点景树。
重点植物组团：重要点景树。
植物背景：注重植物天际线变化，保证种植厚度，做好视线封闭。
停车场种植：骨架乔木规格统一树形优美，做到整洁、大气。
草坪景观：草坪长势良好，修剪平整，与背景林结合处下层植物细致干净。
入户种植：保证灌木品质和规格，注重与灌木球、地被的搭配。

种植设计平面图

植物名称：醉蝶花
一年生草本花卉植物，花瓣轻盈美丽，盛开时花朵像蝴蝶一样翩翩起舞，可以用来布置花坛、花境。

↑ 植物景观设计：元宝枫 + 国槐 + 油松 + 白蜡 + 大叶黄杨 + 醉蝶花

点评：售楼处的 LOGO 景墙大气庄重，植物、水景、灯光等统一为一个整体。

植物名称：青枫
落叶小乔木，叶形优美，入秋变红，色彩鲜艳，是优良的观叶树种，以常绿树或白粉墙作背景衬托，观赏效果极佳，深受人们的喜爱。

植物名称：国槐
落叶乔木，羽状复叶，深根性，耐烟尘，能适应城市街道环境，是中国北方城市广泛应用的行道树和庭荫树，应用前景广泛。

植物名称：油松
常绿乔木，树皮下部灰褐色，裂成不规则鳞块，裂缝及上部树皮红褐色。大枝平展或斜向上，老树平顶，是景观设计中常用的常绿树种。

植物名称：白蜡
一种药用植物，树形端正，树干通直，枝叶繁茂而鲜绿，秋叶橙黄，观赏价值高，是优良的行道树和遮荫树。

植物名称：玉簪
阴性植物，耐荫，喜阴湿的环境，适宜栽植于林下草地丰富植物群落层次。玉簪叶片秀丽，花色洁白，具有芳香，花于夜晚开放，是优良的庭院地被植物。

植物名称：大叶黄杨
大叶黄杨是一种温带及亚热带常绿灌木或小乔木，因其极耐修剪，常被用作绿篱或修剪成各种形状，较适合于规则式场景的植物造景。

植物名称：早园竹
别名雷竹，禾本科刚竹属下的一个种，是观形、观叶的优良植物材料，广泛分布于我国华北、华中及华南各地，北京地区常见栽培，生长良好。

植物景观设计：早园竹＋元宝枫－大叶黄杨－玉簪＋醉蝶花

点评：树形秀丽的竹子和红枫，色彩一绿一红形成对比，飘逸的形态，鲜艳的色彩，和中式的建筑景观和谐而统一。

↑ 植物景观设计：早园竹 + 山杏 + 樱花 + 元宝枫 + 紫叶李 - 散尾葵 + 红枫 - 矾根 + 夏堇

点评：此处为面向城市的入口门庭，由艺术前厅和停车内院两部分组成。因地块紧靠街道，易受外围城市环境干扰，所以临街设置术感的高墙大门，形成深宅大院的感觉。

植物名称：矾根

多年生草本植物花卉，较耐荫，叶色深紫色，颜色鲜艳装饰性强。可栽植于林下作地被植物，也可与其他花色鲜艳的花卉植物搭配栽植于花境中丰富植物层次。

植物名称：夏堇

夏堇为亚热带夏季草花，花朵小巧，花色多样花期长，适合在阳台、花坛、花台种植。

植物名称：红枫

其整体形态优美动人，枝叶层次分明飘逸，广泛用作观赏树种，可孤植、散植或列植，别具风韵。

植物名称：山杏

落叶灌木或小乔木，喜光，耐寒且耐干旱，经价值较高，也可用于园林或绿化建设中。

植物名称：樱桃

具有较高经济价值的观果树种，可栽植于庭院内起到绿化作用，其果实小而红艳，不仅具有较高观赏价值，还可食用，是较常见的温带水果。

植物名称：紫叶李

落叶小乔木，花期 3 ~ 4 月，花叶同放，园林应广泛。孤植于门口、草坪能独立成景；点缀园绿地中，能丰富景观色彩；成片群植，构成风景林景观效果颇佳。

植物景观设计：旱园竹＋樱花＋山杏＋白蜡＋法国梧桐＋元宝枫－散尾葵＋紫丁香＋大叶黄杨－金叶女贞＋三角梅－非洲凤仙

植物名称：大叶黄杨
大叶黄杨是一种温带及亚热带常绿灌木或小乔木，因其极耐修剪，常被用作绿篱或修剪成各种形状，较适合于规则式场景的植物造景。

植物名称：散尾葵
丛生常绿小乔木，茎杆光滑，羽状复叶叶形优美、飘逸。可与其他棕榈科植物搭配栽植一同营造热带景观风景。较常见栽植于草地、宅旁。

植物名称：紫丁香
春季开花，花色紫色或蓝色，花大且芳香，是比较有名的庭院花灌木。株形丰满，枝叶茂密，适宜栽植于庭院一角或建筑物窗前。

植物名称：鹅掌楸
别名马褂木，落叶大乔木，叶形独特，好似一个个马褂，秋天叶色变黄，是珍贵的行道树和庭园观赏树种，丛植、列植或片植均有较好的观赏效果。

植物名称：非洲凤仙
叶色翠绿，花朵娇嫩，花色玫红，花期较长，几乎一年四季都可开花。可以用来装饰花坛、花境。

植物名称：三角梅
常绿攀缘灌木，又被称为九重葛、毛宝巾、勒杜鹃。由于其花苞片大，色泽艳丽，常用于庭院绿化。

植物名称：黄杨
常绿灌木或小乔木，分枝多而密集，枝叶繁茂，叶形别致，四季常青，常用于绿篱、花坛。可修剪成各种形状，用来点缀入口。较少作为乔木栽植。

植物名称：玉兰
落叶乔木，中国著名的花木。花期3月，10天
右，先叶开放，花白如玉，花香似兰。树型魁伟
树冠卵形。玉兰对有害气体的抗性较强，是大
污染地区很好的防污染绿化树种。

植物名称：金银木
又名金银忍冬，是花果均有较高观赏价值的花灌木。春季可赏其花闻其味，秋季可观其累累红果。花色初为白色，渐而转黄，远远望去，金银相间，甚为美丽。金银忍冬可丛植于草坪、山坡和建筑物附近。

植物名称：锦带
枝叶繁茂，花色鲜艳，花量较多，因花开太盛
有时锦带枝条会下垂弯曲到地面。花期较长，
中国北方比较重要的春季观花灌木。可以栽植
庭院中点缀主景，也可以栽植于围墙或房前屋
作花篱使用。

植物景观设计：玉兰 + 油松 + 元宝枫 + 樱花 + 白皮松 - 金银木 + 锦带 + 紫丁香 + 天目琼花 - 大叶黄杨 + 三角梅 + 黄杨 + 散尾葵 - 夏堇 + 蓝花鼠尾草 + 非洲凤仙 + 黄杨

点评：售楼处场景设计主次分明，启承转折。种植设计上应以自然组团搭配为主。

植物名称：蓝花鼠尾草
唇形科多年生芳香草本植物，原产于地中海，植株灌木状，高约60cm，花蓝色。常生于山间坡地、路旁、草丛、水边及林荫下。

植物名称：天目琼花
落叶灌木，树态清秀，复伞形花序，花开似雪，果赤如丹，叶形美丽，秋季变红。孤植、丛植、群植均可。

植物名称：白皮松
常绿乔木，树形多姿，苍翠挺拔，幼树树皮平滑，灰绿色，老树树皮不规则脱落后露出粉白色内皮，衬以青翠的树冠，十分美观，是华北地区城市绿化的优良树种。

植物名称：碧桃
又名千叶桃花，落叶乔木，花大色艳，开花时美丽漂亮，通常和紫叶李、紫叶矮樱等一起使用。

植物名称：朱蕉
灌木植物，株形美观，色彩艳丽独特，花淡红色，是具有较高观赏价值的观花、观叶植物。常与旅人蕉、棕竹、鹅掌柴搭配，可栽植于高大乔木下或石边，为绿丛中添了一抹艳丽的红。

植物名称：鸡爪槭
又名鸡爪枫、青枫等，落叶小乔木，叶形优美，入秋变红，色彩鲜艳，是优良的观叶树种，以常绿树或白粉墙作背景衬托，观赏效果极佳，深受人们的喜爱。

植物名称：鹅掌楸
别名马褂木，落叶大乔木，叶形独特，好似一个个马褂，秋天叶色变黄，是珍贵的行道树和庭园观赏树种，丛植、列植或片植均有较好的观赏效果。

→

植物景观设计：山杏＋白皮松＋鹅掌楸－红枫＋碧桃＋鸡爪槭＋紫丁香＋金银木－散尾葵＋朱蕉＋三角梅＋大叶黄杨

点评：售楼处及其前场组成的“水景中庭”是前场区域的核心景观，富于画意。以一方静水为中心，将售楼处建筑倒映其上，对面两座新月形落水高墙飞瀑流淌，动静相宜。

1
2
3

植物名称：蒙古栎

可栽植于庭院、公园等地作园景树或者列植于道路两侧作行道树。也可与其他常绿树种混交栽植成林。

植物名称：芒草

生长范围较广泛，对环境的适应性较强，因其株形颇具野趣，常被用来与置石搭配，营造粗犷、富有野趣的景观环境。

植物名称：矮牵牛

多年生草本植物，常作一年生栽培，花色丰富，有白色、红色、紫色、黄色等，在园林造景中较常见。

植物名称：紫叶小檗

春开黄花，秋缀红果，叶、花、果均具观赏效果，耐修剪，适宜在园林中作花篱或修剪成球形对称配置，广泛运用在园林造景当中。

←

植物景观设计：蒙古栎 + 白皮松 + 玉兰 + 白蜡 + 山杏 + 金银木 + 芒草 + 紫叶小檗 + 大叶黄杨 + 矮牵牛 + 金叶女贞

植物名称：木槿

也叫无穷花，落叶灌木或小乔木，花形有单瓣、重瓣之分，花色有浅蓝紫色、粉红色或白色之别，花期6～9月，耐修剪，常用作绿篱。

植物名称：白丁香

小乔木或灌木，花色洁白，花型偏小，花期为初夏，是北方优良的庭院、道路绿化观花植物。

植物名称：云杉

常绿乔木，树形端正，枝叶茂密，可孤植于庭院，独树成景，也可片植，多用在庄重肃穆的场合。叶上有明显粉白气孔线，远眺如白云缭绕，苍翠可爱。

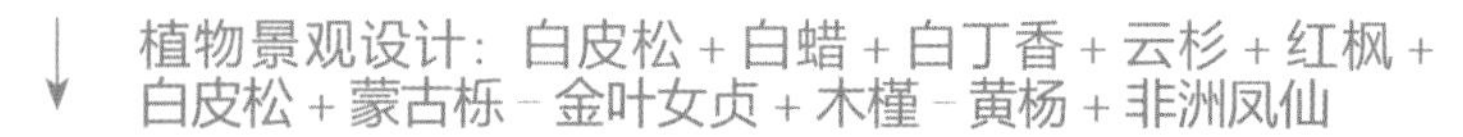

植物景观设计：白皮松＋白蜡＋白丁香＋云杉＋红枫＋白皮松＋蒙古栎－金叶女贞＋木槿－黄杨＋非洲凤仙

↑ 植物景观设计：玉兰 + 八棱海棠 + 银杏 + 元宝枫 - 金银木 + 金叶女贞 - 矾根 + 蓝花鼠尾草 + 三角梅 + 金边玉簪 + 小叶黄杨 + 非洲凤仙

点评：售楼处西侧样板间建筑周围的“生活花园”是园区生活环境的写照，相对前场，中庭的庭园感和艺术气息更加浓厚，本区间纯以植物造景，以浓荫、花境、绿坪营造了一个简单、舒适、绿意盎然的自然花园。

植物名称：金边玉簪
玉簪为多年生宿根草本植物，其叶缘被金色边，耐荫可以栽植于乔木层下作地被，花形娟秀，香气袭人。

植物名称：紫叶李

落叶小乔木，花期 3 ～ 4 月，花叶同放，园林应用广泛。孤植于门口、草坪能独立成景，点缀园林绿地中能丰富景观色彩，成片群植构成风景林，景观效果颇佳。

植物名称：银杏

树形优美，树干高大挺拔，叶形奇特美丽，叶色秋季变为金黄色，是优良的行道树和庭院树种。

植物名称：小叶黄杨

黄杨科常绿灌木或小乔木，生长缓慢，树姿优美，叶对生，革质，椭圆或倒卵形，表面亮绿，背面黄绿。花黄绿色，簇生叶腋或枝端，花期 4 ～ 5 月，尤适修剪造型。

万柳书院

风格与特点：

- 风格：中式园林风格。
- 特点：本项目的园林景观是按照中国传统生活方式设计，以高墙进行围合，隔离开园区外宣泄与嘈杂的闹市环境，使园内环境安静、平和、舒适、自然。园区内有丰富的乔灌木覆盖，硬质铺装减到最少，着力塑造出一种城市森林的感觉，具有山水文园的气质。此外秉承生态原则，该项目将地面雨水进行收集处理后作为园区水景的用水来源。

实例解析

- 设计公司：优地联合（北京）建筑景观设计咨询有限公司
- 项目地点：北京市
- 项目面积：38,869m²

景观植物：乔木——银杏、元宝枫、国槐、蒙古栎、山杏、红枫、白皮松、白玉兰、碧桃、云杉、八棱海棠、核桃、文冠果、白蜡樱花、紫叶李等

灌木——金银木、金银花、迎春花、紫丁香、榆叶梅、黄杨、木槿、大叶黄杨、花叶芒、芍药、芒草等

地被——满天星、荷兰菊、迎春花、香彩雀、狼尾草、春羽、吊兰、玉簪、鸢尾、金边玉簪等

万柳书院项目位于北京市海淀区西山风景带，被颐和园、圆明园等皇家苑囿环绕，文脉厚重，自然环境优渥。曾有万亩稻田之景象，所产“京西御稻”为明清皇家御用贡米，实为京城最为丰厚肥沃之地，近代广植柳树达上万棵，形成了“水泉兴盛、绿树成荫”的优美自然风貌。而且此地自古至今学府氛围浓郁，附近有北京大学、人民大学等学府。因此本项目案名为万柳书院，这是万柳核心区最后一块居住用地，为北京最成熟的高端居住区之一。

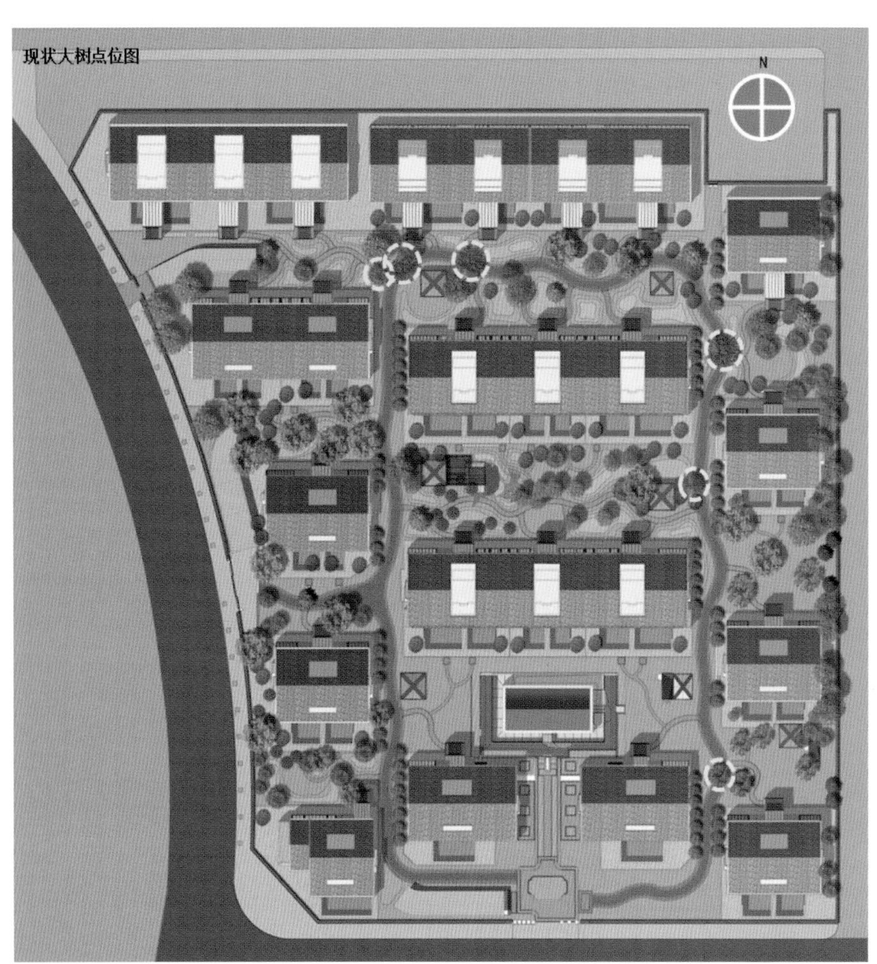

难以避让的大树

植物名称：山杏
落叶灌木或小乔木，喜光，耐寒且耐干旱，经济价值较高，也可用于园林或绿化建设中。

植物名称：丛生元宝枫
落叶乔木，冠大荫浓，树姿优美，叶形秀丽，嫩叶红色，秋季叶又变成黄色或红色，为著名的秋季观红叶树种。

植物名称：银杏
树形优美，树干高大挺拔，叶形奇特美丽，叶色秋季变为金黄色，是优良的行道树和庭院树种。

植物名称：大叶黄杨
大叶黄杨是一种温带及亚热带常绿灌木或小乔木，因为极耐修剪，常被用作绿篱或修剪成各种形状，较适合于规则式场景的植物造景。

植物名称：云杉
常绿乔木，树形端正，枝叶茂密，可孤植于庭院，独树成景，也可片植，多用在庄重肃穆的场合。叶上有明显粉白气孔线，远眺如白云缭绕，苍翠可爱。

植物名称：碧桃
又名千叶桃花，落叶乔木，花大色艳，开花时美丽漂亮，通常和紫叶李、紫叶矮樱等一起使用。

植物名称：马蔺
多年生草本植物，叶片基生，叶色翠绿，花为浅紫色，花色美丽，花形优雅。生长力顽强，对环境的适应性强，管理较粗放，是园林绿化中既经济又美观的优良植物材料，可栽植于道路两旁的花坛或隔离带内。

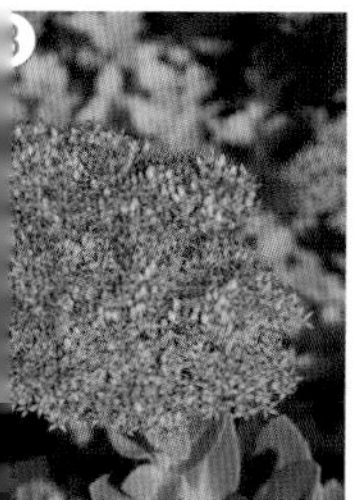

植物名称：八宝景天
多年生肉质草本植物，株高 30 ～ 50cm，植株整齐，生长健壮，管理粗放。花开时好似一片粉烟，群体效果极佳，常用来布置花坛。

植物名称：玉兰
落叶乔木，中国著名的花木。花期 3 月，10 天左右，先叶开放，花白如玉，花香似兰。树型魁伟，树冠卵形。玉兰对有害气体的抗性较强，是大气污染地区很好的防污染绿化树种。

植物景观设计：山杏 + 元宝枫 + 银杏 + 玉兰 + 核桃 + 国槐 + 云杉 + 碧桃 + 金银木 - 大叶黄杨 + 假龙头 - 马蔺 + 八宝景天 + 鸢尾

植物名称：金银木
又名金银忍冬，是花果均有较高观赏价值的花灌木。春季可赏其花闻其味，秋季可观其累累红果。花色初为白色，渐而转黄，远远望去，金银相间，甚为美丽。金银忍冬可丛植于草坪、山坡和建筑物附近。

植物名称：核桃
树冠广阔，其经济价值与药用价值高于园林绿化价值，但也可栽植于专类园区作观赏植物栽植。

植物名称：国槐
落叶乔木，羽状复叶，深根性，耐烟尘，能适应城市街道环境，是中国北方城市广泛应用的行道树和庭荫树，应用前景广泛。

植物名称：鸢尾
鸢尾观赏价值较高，叶片剑形，形态美丽，花型大且美丽，较耐荫，可栽植于林下和墙角边，景观效果好。

植物名称：假龙头
多年生宿根草本，茎丛生而直立，穗状花序顶生，花色淡紫红，花期 7 ～ 9 月。

2
5
4
1
3

植物名称：富贵竹

多年生常绿草本植物，观赏价值较高，叶片浓绿，适宜作为观赏植物栽植于庭院内或室内。

植物名称：早园竹

别名雷竹，禾本科刚竹属下的一个种，是观形、观叶的优良植物材料，广泛分布于我国华北、华中及华南各地，北京地区常见栽培，生长良好。

植物名称：龟背竹

常绿藤本观叶植物，株形优美，叶形奇特，由于其具有较强的耐荫性，可以栽植于阴生植物区，也可栽植于疏林下丰富植物群落层次。

植物名称：玉簪

阴性植物，耐荫，喜阴湿的环境，适宜栽植于林下草地丰富植物群落层次。玉簪叶片秀丽，花色洁白，具有芳香，花于夜晚开放，是优良的庭院地被植物。

植物景观设计：早园竹 + 北美海棠 + 鸡爪槭－富贵竹 + 龟背竹 + 玉簪

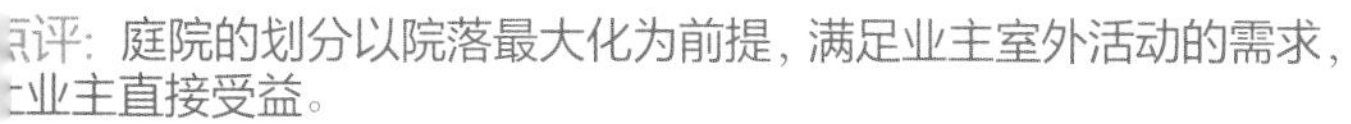

点评：庭院的划分以院落最大化为前提，满足业主室外活动的需求，让业主直接受益。

植物名称：北美海棠

落叶小乔木，花色鲜艳，果实紫红，其花、果均有较高观赏价值。可孤植、丛植于草坪。

植物名称：木槿
也叫无穷花，落叶灌木或小乔木，花形有单瓣、重瓣之分，花色有浅蓝紫色、粉红色或白色之别，花期 6 ～ 9 月，耐修剪，常用作绿篱。

植物名称：荷兰菊
多年生草本花卉植物，枝叶繁茂，花蓝紫色或玫红色，单生于枝顶，花形美丽，色彩鲜艳，是观赏价值较高的宿根草本花卉，可以栽植于花带、花境中点缀主体景观。

↑ 植物景观设计：玉兰＋元宝枫＋造型松＋山楂－木槿＋丁香＋鸡爪槭＋西府海棠－大叶黄杨＋金银花＋花叶芒＋小叶黄杨－荷兰菊＋芍药＋迎春花＋八宝景天

点评：以自然地形为基础，在建筑之间设计独立的宅间花园，绿意成荫、曲径通幽、环境幽雅，犹如置身于山水花园之中。

植物名称：芍药
被称为花相，花形、花色俊美，是庭院绿化的优良品种。

植物名称：鸡爪槭
又名鸡爪枫、青枫等，落叶小乔木，叶形优美，入秋变红，色彩鲜艳，是优良的观叶树种，以常绿树或白粉墙作背景衬托，观赏效果极佳，深受人们的喜爱。

植物名称：迎春花
花如其名，每当春季来临，迎春花即从寒冬中苏醒，花先于叶开放，花色金黄，垂枝柔软。适宜栽植于城市道路两旁，也可栽植于湖边、溪畔、草坪和林缘等地。

植物名称：花叶芒
多年生草本植物，叶浅绿色，叶片纤细柔软，可与假山石块搭配，也可栽植于花坛、花境内与色彩鲜艳的花卉植物形成对比。

植物名称：小叶黄杨
黄杨科常绿灌木或小乔木，生长缓慢，树姿优美，叶对生，革质，椭圆或倒卵形，表面亮绿，背面黄绿。花黄绿色，簇生叶腋或枝端，花期4～5月，尤适修剪造型。

植物名称：西府海棠
树干直立，树形秀丽优雅，花红叶绿，果实小巧可人，常用于我国北方地区的庭院绿化中，可孤植、列植或丛植于水滨湖畔和庭院一角。因与玉兰、牡丹、桂花同植一处，取其音与意，有“玉棠富贵”之意。

植物名称：山楂
落叶乔木，果实饱满且色泽红艳，具有一定的观赏价值，果实还具有食用和药用的价值。

↑ 植物景观设计：黄栌 + 丁香 + 玉兰 + 早园竹 + 春羽 + 海芋 + 大叶黄杨 + 非洲茉莉 + 金叶女贞

点评：园区内节点景观的设计有其独到之处：结合园区出现的市政建筑物进行造景。例如结合采光井设计出精致的休憩花台，使其有别于一般小区里常见的采光通风设备；结合地下室出口设计出的自然花园使其融入周边大环境之中，从而使园区景观设计无死角地体现精致之美。

植物名称：春羽
多年生常绿草本观叶植物。叶片大，叶形奇特，叶色深绿且有光泽，是较好的室内观叶植物。由于其较耐荫，可栽植于比较荫蔽的环境。

植物名称：海芋
天南星科多年生草本，叶形和色彩都具有观赏价值，大型喜阴观叶植物，适在林荫下片植，海芋花外形简单清纯，可作为室内装饰。海芋全株有毒以茎干最毒，需要注意。

植物名称：黄栌
著名的北京香山红叶即为黄栌，是我国有名的观叶植物。黄栌叶色秋季转红，红艳如火，如成片栽植，能够营造骄阳似火的景观效果，也可与其他常绿乔木搭配栽植，红与绿的鲜明对比，别有一番意境。

植物名称：白丁香
小乔木或灌木，花色洁白，花型偏小，花期为初夏是北方较优良的庭院、道路绿化观花植物。

植物名称：非洲茉莉
常绿小乔木或灌木，耐修剪，花期较长，冬夏季均开花，花香淡淡，可与部分高大乔木搭配栽植，常用于公园，也可用于家居内盆景摆设。

植物名称：金叶女贞
常绿灌木，生长期叶子呈黄色，可与其他色叶灌木修剪后组成组合色带，观赏效果佳。

1
2

植物景观设计：山楂 + 花叶芒 + 吊兰 + 八宝景天

植物名称：狼尾草
多年生植物，生性强健，萌发力强，容易栽培。

植物名称：白皮松
常绿乔木，树形多姿，苍翠挺拔，幼树树皮平滑，灰绿色，老树树皮不规则脱落后露出粉白色内皮，衬以青翠的树冠，十分美观，是华北地区城市绿化的优良树种。

植物景观设计：元宝枫 + 山楂 + 白皮松 + 大叶黄杨 + 狼尾草 + 八宝景天 + 玉簪

点评：蜿蜒曲折的园路直至入户大堂，大堂区域形成由室内向外的灰空间，入户空间与宅间花园两个空间的流畅过渡也符合登堂入室的传统生活习惯。

植物名称：吊兰
多年生常绿草本植物，花色洁白，花茎从叶片中抽出，花枝下垂，姿态优美。可栽植于盆中放于室内净化空气，也可栽植于庭院中丰富景观。

植物名称：卫矛
灌木植物，通常高为 1~3m，其耐修剪能力较强，可修剪成球形或其他造型运用在园林绿化中。卫矛春季嫩叶初为红色后转绿色，秋季时叶片又变为红色，入冬后蒴果裂开变红，具有较高的观赏价值。

↑ 植物景观设计：元宝枫 + 文冠果 + 法国梧桐 + 海棠 + 白皮松 + 碧桃 + 金银木 + 金叶女贞 + 丁香 + 卫矛 + 花叶芒 + 芒草 + 黄杨 + 八宝景天

点评：园区内的植物景观设计是结合北京地区的气候特点，充分考虑四季的变化而进行的，春有花开，夏有绿荫，秋有果实，冬有意境。使居者有置身城市中的森林的感受，体验季节变化之韵味。

植物名称：文冠果
落叶小乔木或灌木，株形优美，花朵密集，花期长，观赏价值较高，可孤植或群植于公园和绿地。

植物名称：法国梧桐
落叶乔木，树干高大，枝叶茂盛，生长迅速，易成活，耐修剪，广泛栽植作行道绿化树种，在园林中孤植于草坪或旷地、列植于甬道两旁，颇为雄伟壮观

植物名称：黄杨
常绿灌木或小乔木，分枝多而密集，枝叶繁茂，叶形别致，四季常青，常用于绿篱、花坛。可修剪成各种形状，用来点缀入口。较少作为乔木栽植。

植物名称：海棠
观花观果的优良景观树种。花色艳丽，花姿卓越，盛花期时满树红艳，如彩云密布，甚是美丽。可以常绿树种为背景，与较低矮的花灌木搭配栽植。

植物景观设计：银杏 + 元宝枫 - 小叶榕 - 迎春花 + 金边玉簪

植物名称：金边玉簪
玉簪为多年生宿根草本植物，其叶缘被金色边，耐荫，可以栽植于乔木层下作地被，花形娟秀，香气袭人。

植物名称：小叶榕
又称为雅榕，生长较快，根系发达，树冠大而荫郁，是较好的庭院树种。如需片植或丛植时应加大株距，5 米以上较适宜。

植物名称：香彩雀
多年生草本花卉植物，花形小巧别致、花色美丽淡雅、花期长、花量丰富，观赏价值颇高。是优良的园林花卉之一。可栽植于花坛、花钵中搭配主景。

植物名称：丝石竹
花小而繁多，似满天繁星，又被称为满天星，在商业化切花中使用广泛。

植物名称：八棱海棠
树形优美，枝条细长，果实红艳，其树姿、树叶、花朵和果实均具有较高的观赏价值，可栽植于庭院、公园等地美化环境。

植物名称：金银花
枝叶常绿，花小，有芳香，适宜栽植于庭院角落，可攀缘墙面和藤架，盛花期时花香馥郁，白花点点。

植物景观设计：元宝枫 + 国槐 + 八棱海棠 + 银杏 - 丁香 - 大叶黄杨 + 非洲茉莉 + 金银花 - 香彩雀 + 丝石竹

点评：根据现有建筑格局进行景观规划设计，整体上采用传统中轴对称手法，形成“一轴一环”的景观概念。“一轴”指园区核心的南大门入口至书院前的区域，山水绿云屏风及玉石挡墙的设计，把温婉而具有君子之态的玉石与书院性格相结合，彰显出尊贵之感。

中山建华花园厚德苑

风格与特点：

- 风格：现代简约欧式风格。
- 特点：该项目本着“空间再生、体验融入、艺术提升、品质升级”和“森林中的房子”的设计理念，主要以乔木与地被营造出一个高低错落、色彩绚丽的背景，以现代简约欧式风格为蓝本，将欧式风格与现代设计手法完美融合，使景观环境与建筑自身特点相呼应。设计师合理地组织了精致的人性化空间，在有限的空间里创造出丰富的视觉层次，别具匠心地对景观进行再生营造，以观景亭、特色景观廊架、景观桥、欧式建筑水池、溪流跌水、亲水木平台、休闲园路、特色种植池、艺术雕塑小品等景观元素来打造具有新格调的简约欧式风情园林，将厚德苑组合成一幅庄重、大气的立体化景观画卷，为住户缔造尊贵高尚的生活环境。

实例解析

- 设计公司：广州市太合景观设计有限公司
- 项目地点：广东省中山市
- 项目面积：15,000m²

景观植物：乔木——秋枫、香樟、假苹婆、糖胶树、香樟、鸡蛋花、桂花、刺桐、白兰花、小叶榄仁、波萝蜜、加拿列海枣、国王椰子等
灌木——变叶木、黄金榕、金脉爵床、鹤望兰、龙船花、茶花、鹅掌柴、昆士兰伞木、红花檵木、亮叶朱蕉、金叶假连翘、朱槿等
地被——长春花、肾蕨、米兰、栀子花等

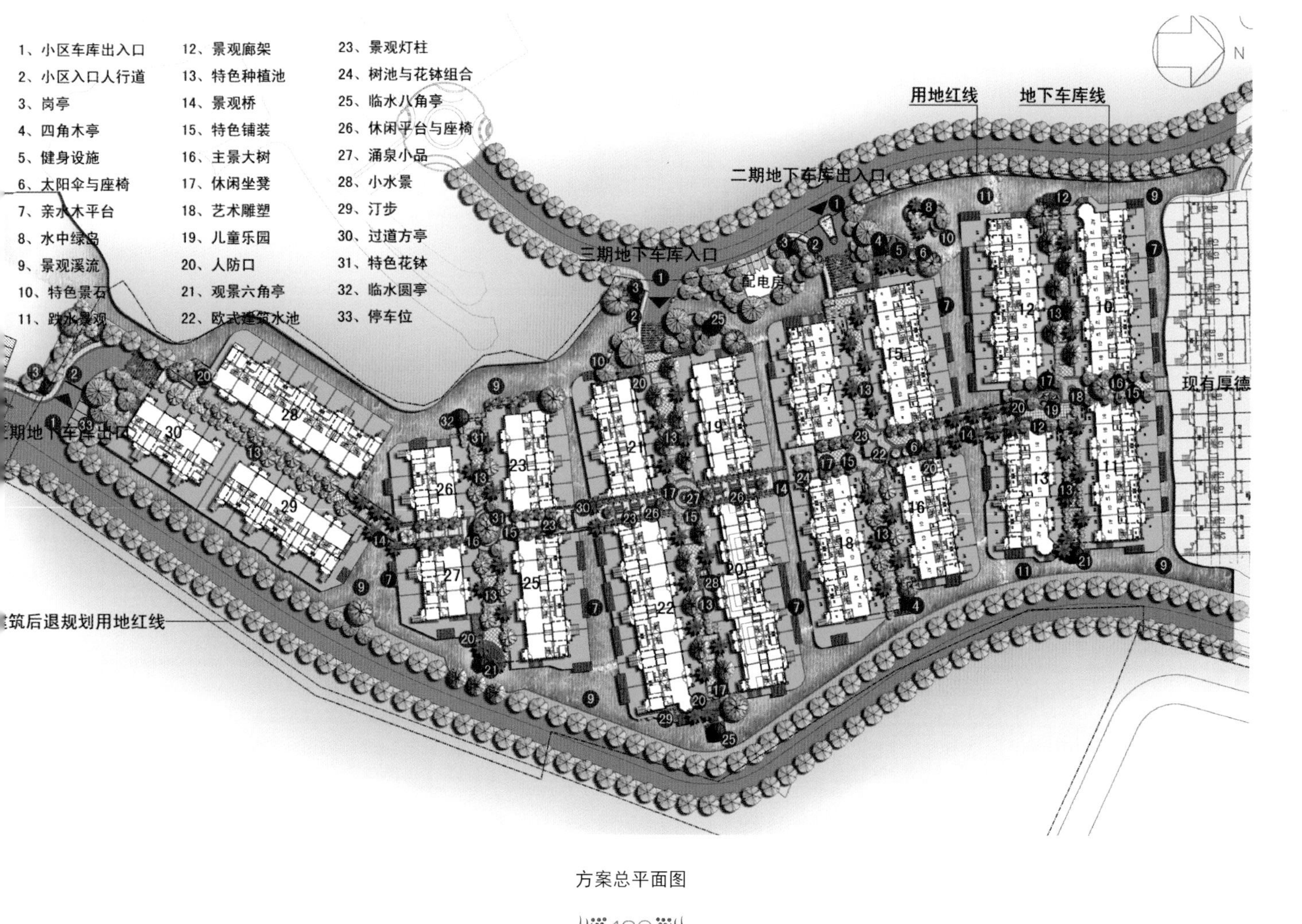

方案总平面图

宅间路剖面图

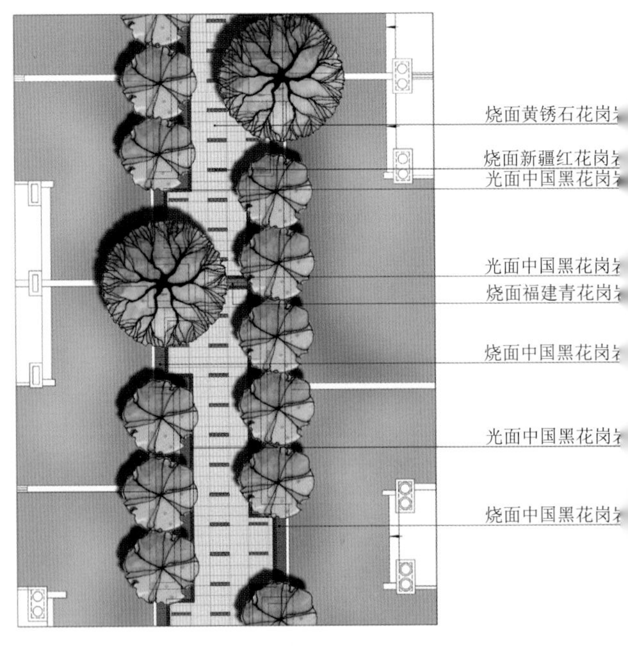

铺装图 1

植物名称：亮叶朱蕉
叶片较大，叶色鲜艳，叶心深绿色，叶缘附近红艳，是常见的园林绿化树种和室内观叶植物，可作为背景植物，也可栽植于道路两旁的林下、山石旁或者作为盆栽装饰室内。

植物名称：金叶假连翘
常绿灌木，植株较矮小，分枝多，密生成簇。广泛应用于我国南方城市街道绿化和庭院绿化。

植物名称：朱槿
常绿灌木，花大且色彩艳丽，花期较长，是常见的园林景观木本植物。可孤植、对植、列植或群植于公园、草坪。

植物名称：尖叶杜英
常绿乔木树种，树形尖塔状，春季花期来临时白色花朵如流苏般，随风飘动，十分美丽。

植物名称：香樟

常绿大乔木，树形高大，枝繁叶茂，冠大荫浓，是优良的行道树和庭院树。香樟树可栽植于道路两旁，也可以孤植于草坪中间作孤赏树。

植物名称：红花檵木

常绿小乔木或灌木，花期长，枝繁叶茂且耐修剪，常用作园林色块、色带材料。与金叶假连翘等搭配栽植，观赏价值高。

植物名称：波萝蜜

热带地区常绿乔木，树形整齐，冠大荫浓，果实巨大，是世界上最重的水果，成熟果实可重达几十公斤。园林中可以作行道树和庭荫树使用，但是要注意果实成熟时节，适时采摘，避免果实掉落砸伤行人和游人。

植物名称：栀子花

常绿灌木，喜温暖湿润的气候，适宜阳光充足且通风良好的环境。花色纯白，花香宜人，是良好的庭院装饰材料，可以丛植于墙角或修剪为高低一致的灌木带，与红花檵木、石楠等植物一同栽植于公园、景区、道路绿化区域等地。

植物名称：米兰

常绿小乔木或者灌木，叶形小巧，花小洁白，具有浓香。

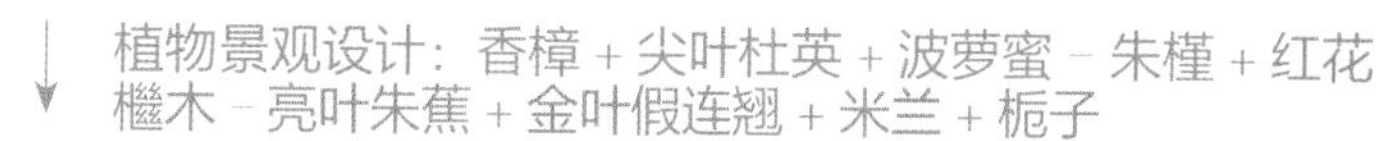

植物景观设计：香樟＋尖叶杜英＋波萝蜜－朱槿＋红花檵木－亮叶朱蕉＋金叶假连翘＋米兰＋栀子

点评：小区园路秉承道路庭院化的设计原则，两侧规整种植了枝叶浓密的行道树，再配以色彩丰富的地被，形成类似林荫道的景观，为住户营造一道亮丽的风景线。

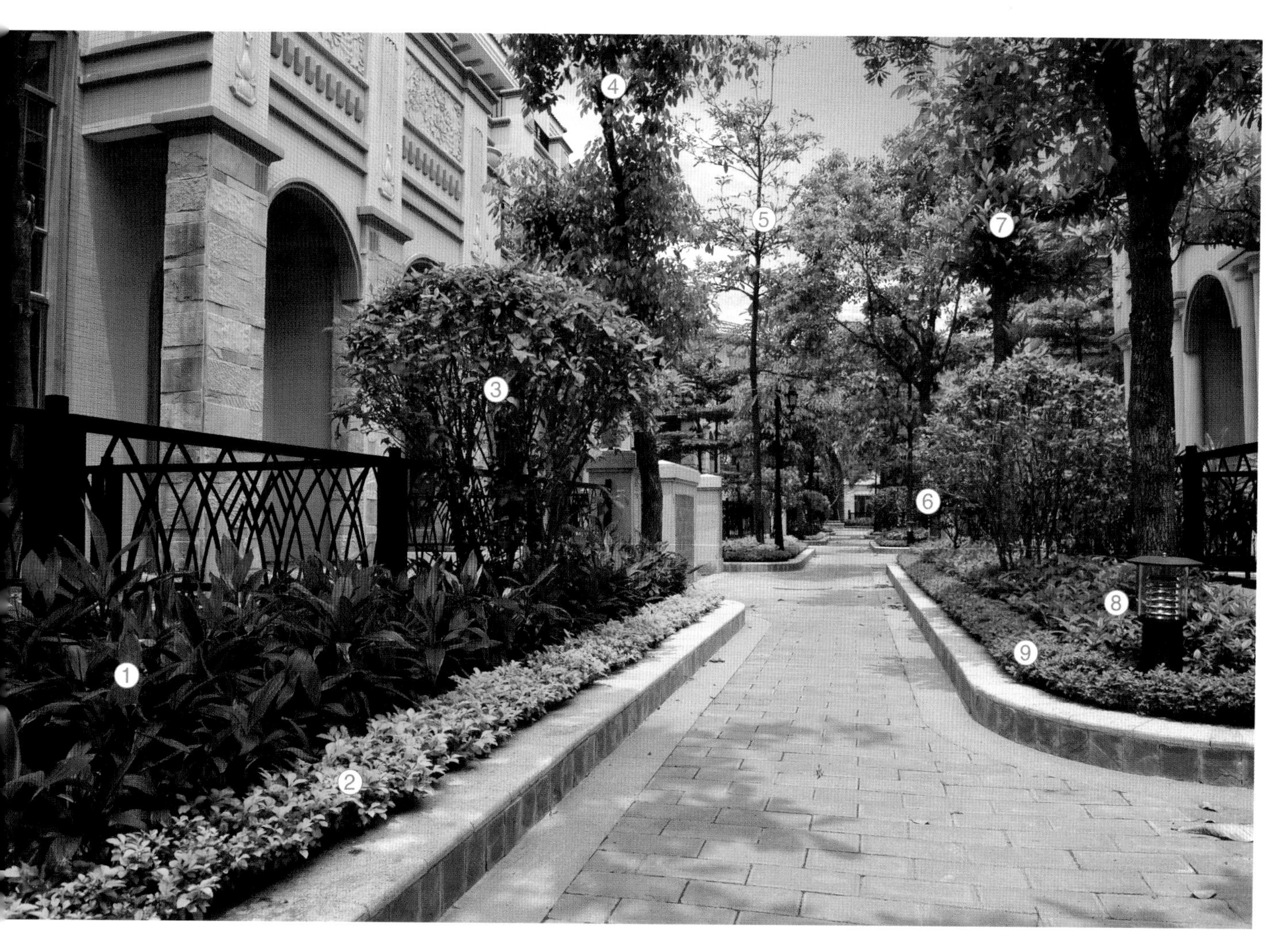

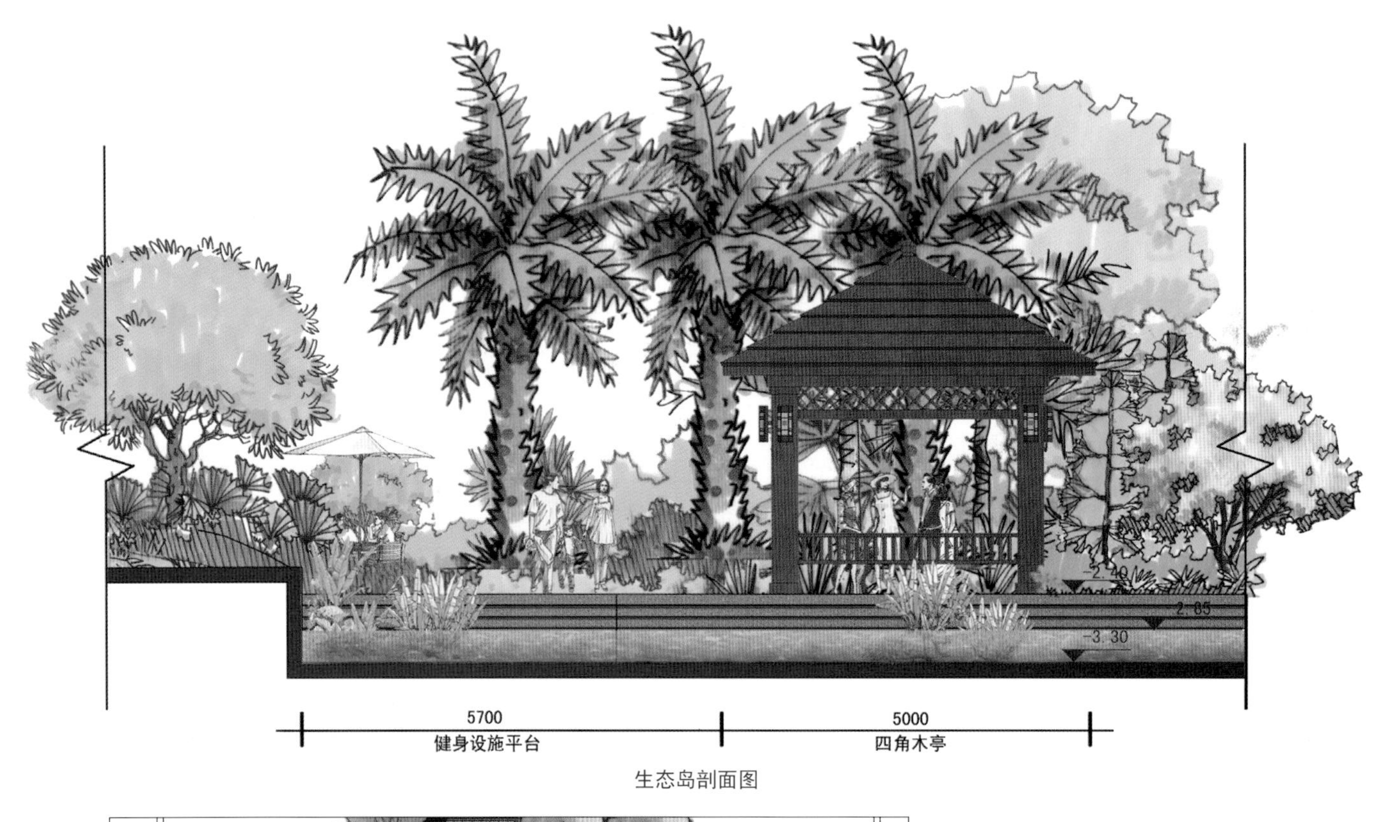

生态岛剖面图

前院
前院
前院
前院
后院
后院

烧面新疆红花岗岩
烧面中国黑花岗岩
太阳伞与座椅
光面中国黑花岗岩
栗色防腐实木
烧面中国黑花岗岩
自然平面福建青花岗岩
烧面新疆红花岗岩
烧面黄锈石花岗岩
光面中国黑花岗岩
烧面中国黑花岗岩
光面中国黑花岗岩
烧面黄锈石花岗岩
自然平面黄锈石花岗岩
烧面福建青花岗岩
欧式建筑水池
光面中国黑花岗岩
休闲坐凳
烧面黄锈石花岗岩
烧面新疆红花岗岩
光面中国黑花岗岩
烧面中国黑花岗岩
手凿面福建青花岗岩
光面中国黑花岗岩
光面中国黑花岗岩
烧面黄锈石花岗岩
艺术花钵

铺装图 2

→

植物景观设计：假苹婆 + 银海枣 + 国王椰子 - 散尾葵 + 昆士兰伞木 - 花叶良姜 + 龟背竹

点评：结合曲径通幽的设计手法，均匀布局景观景点，在每条轴线的两侧设计对称的景观廊亭，突出轴线关系，为住户提供休闲体验的空间。通过植物景观设计，营造出浪漫叠伞区、热带风情区、花海飘香区、硕果景观区、林荫绚丽区，使业主沿路行走中能联想并体验到惬意休闲的生活氛围。

植物名称：昆士兰伞木
常绿乔木，也被称作澳洲鸭脚木，叶片宽大、奇特，枝叶柔软呈下垂状态，外形似伞。与其他植物搭配栽植于墙角、庭院中，景观效果佳。

植物名称：假苹婆
苹婆属乔木植物，一般生长在温暖的南方地区，树干通直，枝叶繁茂，可以栽植于公园、景区、社区内作绿荫树种，观赏价值较高。

植物名称：散尾葵
丛生常绿小乔木，茎杆光滑，羽状复叶叶形优美、飘逸。可与其他棕榈科植物搭配栽植，一同营造热带景观。较常见栽植于草地、宅旁。

植物名称：龟背竹
常绿藤本观叶植物，株形优美，叶形奇特，由于其具有较强的耐荫性，可以栽植于阴生植物区，也可栽植于疏林下丰富植物群落层次。

植物名称：银海枣
棕榈科刺葵属植物，耐炎热，耐干旱，耐水淹。树形高大挺拔，树冠似伞状打开，可与其他棕榈科植物搭配栽植营造热带风情景观。

植物名称：国王椰子
常绿小乔木或灌木，花期长，枝繁叶茂且耐修剪，常用作园林色块、色带材料。与金叶假连翘等搭配栽植，观赏价值高。

↑ 植物景观设计：加拿利海枣 + 白兰花 + 蒲葵 + 桂花 + 假苹婆 - 龙血树 + 昆士兰伞木 - 花叶良姜 + 红花檵木 + 金边连翘 + 金边大叶黄杨

植物名称：花叶良姜
叶片艳丽，花姿优雅，是观赏价值较高的观花、观叶植物。常栽植于庭院、水边和池畔。

植物名称：加拿利海枣
常绿大乔木，又被称为加拿列刺葵，原产于加拿列群岛，其命名由此而来。可与其他棕榈科植物搭配栽植，突出热带风情，也可作为行道树栽植。

植物名称：白兰花
常绿乔木，花洁白，有香味，可栽植于庭院、公园和草坪中。是优良的景观植物材料。

植物名称：蒲葵
常绿大乔木，单干直立挺拔，树冠形状似伞，四季常绿，是营造热带风情景观的重要植物。可栽植于公园、景区、道路两旁。也可与其他棕榈科植物如加拿利海枣、针葵、红铁树和鱼尾葵等搭配栽植。

植物名称：桂花
木犀科木犀属常绿灌木或小乔木，亚热带树种，叶茂而常绿，树龄长久，秋季开花，芳香四溢，是我国特产的观赏花木和芳香树，主要品种有丹桂、金桂、银桂、四季桂。

植物名称：龙血树
常绿小乔木，树姿美观，富有热带特色。可与棕榈科其他植物搭配栽植营造热带风情景观，也可群植于草坪。

植物名称：金边大叶黄杨

金边大叶黄杨为大叶黄杨的变种之一，常绿灌木或小乔木，适宜与红花檵木、南天竹等观叶植物搭配栽植。

植物名称：紫薇

落叶小乔木或灌木，又称为痒痒树，树干光滑，用手抚摸树干，植株会有微微抖动。花期5~8月，花期较长，观赏价值高。

植物名称：糖胶树

常绿大乔木，又被称作为盆架子，树形优美，终年常绿，叶片轮生，类似鹅掌柴，可栽植于庭院内和公园，是高级园林景观树种。

植物名称：银边草

多丛植或栽植于山石旁起点缀作用。

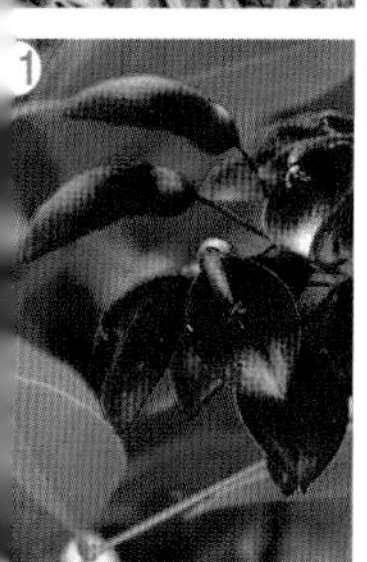

植物名称：刺桐

豆科刺桐属乔木植物，喜温暖湿润、光照充足的气候，耐干旱，耐水湿，不太耐寒。适宜孤植于草地或构筑物附近。

植物名称：大叶龙船花

叶片与细叶龙船花相比更大，花期较长，每年3~12月均可开花，花色丰富，适合栽植于庭院内或道路两旁，同时也是重要的盆栽木本花卉。

植物景观设计：紫薇＋糖胶树＋刺桐－昆士兰伞木＋山茶＋黄金香柳＋花叶良姜－亮叶朱蕉＋红花檵木＋鹅掌柴－银边草＋米兰＋大叶龙船花

点评：总体设计，从色彩、材质、造型等方面来考虑场地与现有建筑的统一，使它们成为一个有机结合的整体。项目分为三大区域，分别是南北向纵轴景观区、四条东西向横轴景观区、环苑景观溪流区。

植物名称：黄金香柳
又称为千层金，常绿小乔木或灌木，枝条柔软，枝叶金黄，具有较强的抗风能力，是沿海绿化的重要彩叶树种。黄金香柳的枝叶具有清香，是芳香植物，可以净化空气。

植物名称：山茶
常绿乔木或灌木，中国传统的十大名花之一，品种丰富，花期 2 ～ 4 月，花大艳丽。树冠多姿，叶色翠绿。耐荫，栽植于疏林边缘效果极佳，亦可散植于庭院一角，格外雅致。

植物景观设计：香樟 + 黄金香柳 + 鸡蛋花 - 红花檵木 + 山茶 + 红车 - 朱蕉 + 金叶假连翘 + 鹅掌柴 + 软枝黄蝉 + 银边山菅兰 + 黄金榕

植物名称：鹅掌柴
是较常见的盆栽植物，也可栽植于林下，营造不同景观层次。

植物名称：软枝黄蝉
别名“黄莺”，常绿灌木类木本植物，花黄色，花期6～10月，可用于庭园美化、围篱等。

植物名称：银边山菅兰
多年生草本植物，叶片秀丽，叶边缘有银白条纹，非常美丽，是地被的良好材料。

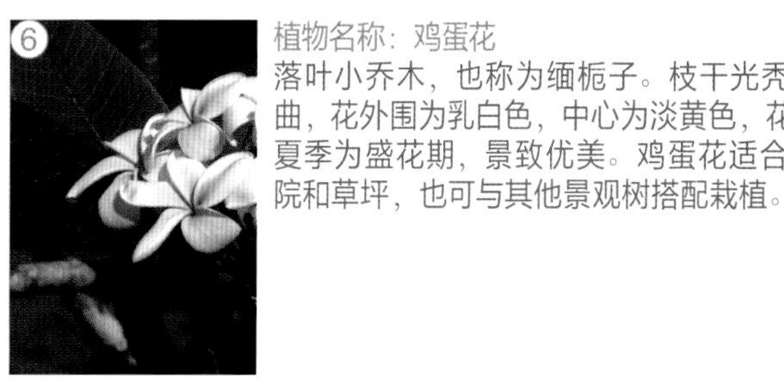

植物名称：鸡蛋花
落叶小乔木，也称为缅栀子。枝干光秃、自然弯曲，花外围为乳白色，中心为淡黄色，花香浓郁，夏季为盛花期，景致优美。鸡蛋花适合栽植于庭院和草坪，也可与其他景观树搭配栽植。

植物名称：红车
桃金娘科常绿小乔木或灌木，其嫩叶为红色，老叶为绿色，叶片鲜艳光亮，是中国南方地区应用较广泛的彩叶树种。在景观庭院中常被修剪成塔状、圆柱形或者球形，可与其他树种搭配栽植，也可点缀于景石和假山旁。

植物名称：黄金榕
也可称为黄心榕、黄叶榕，常绿乔木或灌木，树冠广阔，树干多分枝，叶有光泽。

柏斯·观海台一号

风格与特点：

- 风格：东南亚风格。
- 特点：该项目以现代东南亚风格为主，融合现代建筑的简洁感，以人为本，创造出一个舒适、健康、便捷的花园式生活社区。根据规划原理将居住区空间环境的总体划分为主次入口景观区、中心景观区、组团景观区以及商业街景观区。

实例解析

- 设计公司：广州市太合景观设计有限公司
- 项目地点：海南省海口市
- 项目面积：89,041m²

景观植物：乔木——椰子树、散尾葵、三药槟榔、高杆蒲葵、大王椰、美丽针葵、华盛顿葵、银海枣、小叶榄仁、糖胶树、幌伞枫、羊蹄甲、细叶榕、芒果、鸡蛋花、波罗蜜、大叶紫薇等

灌木——青铁、龙舌兰、文殊兰、海芋、金边龙舌兰、尖叶木犀榄、棕竹、红刺林投、苏铁、绣球花、花叶良姜、非洲茉莉等

地被——肾蕨、长春花、三角梅、变叶木、鹅掌柴等

总平面图

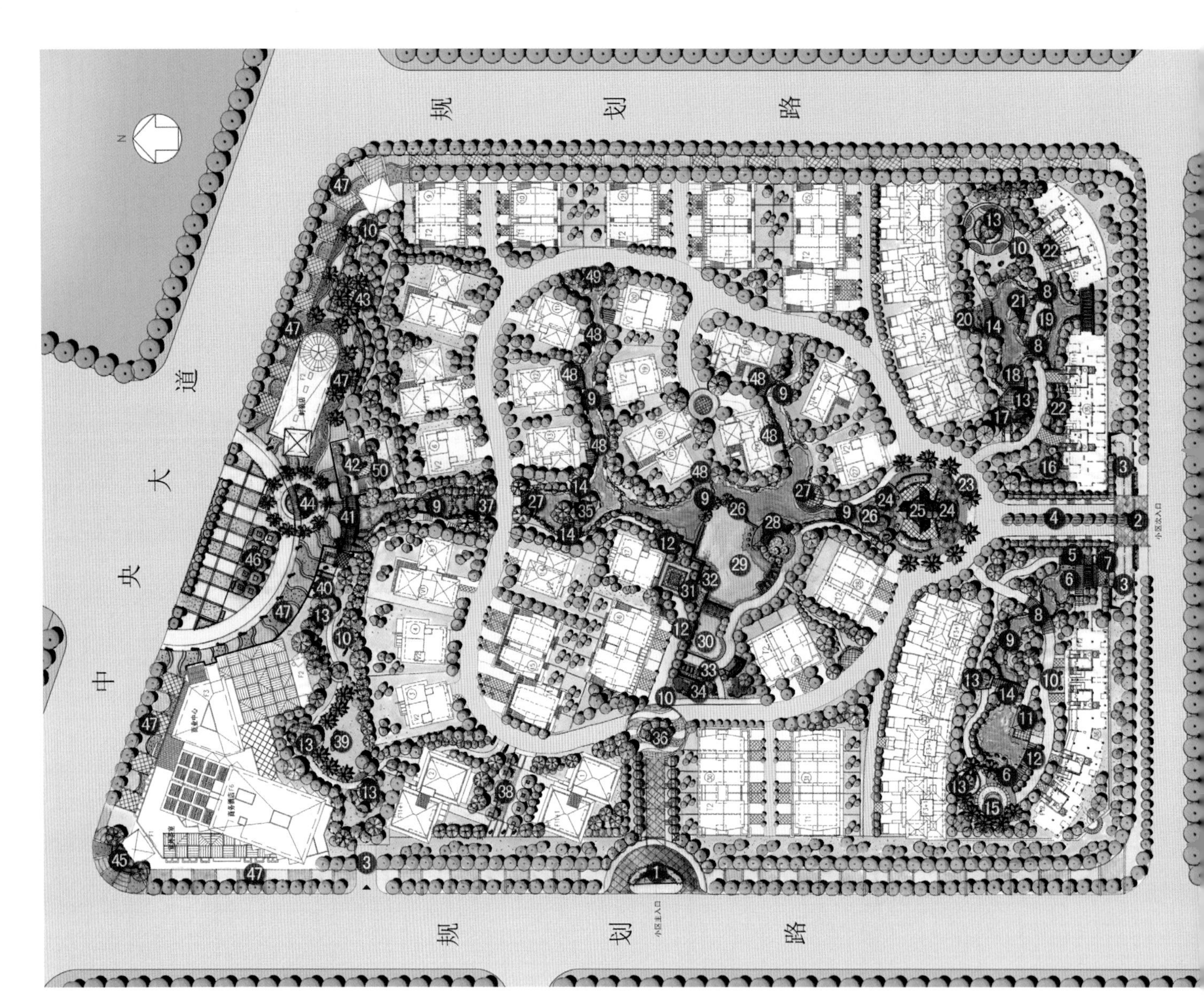

1、主入口水景
2、次入口岗亭
3、地下车库出入口
4、植物分隔带
5、花架廊
6、木栈道
7、观景小平台
8、景观桥
9、叠水小溪
10、景观雕塑
11、观景水榭
12、喷水雕塑
13、景观大树池
14、木桥
15、回车广场
16、亲水木平台
17、儿童乐园
18、亲水阶梯
19、景观岛
20、跌水水景
21、水中亭
22、小溪
23、环型树阵
24、特色叠水景观
25、特色构架
26、水中树池
27、亲水平台
28、泳池休闲吧
29、成人泳池
30、儿童泳池
31、喷水景墙
32、按摩床
33、泳池休闲小广场
34、景墙
35、岛中亭
36、交通岛
37、观景木平台
38、特色小水景
39、草坪雕塑
40、灯柱座凳
41、景观天桥
42、观海台
43、林荫小平台
44、商业街水景
45、商业街入口水景
46、商业街林荫广场
47、商业街休闲步道
48、别墅亲水木平台
49、亲水半岛
50、树池座凳

景点布置图

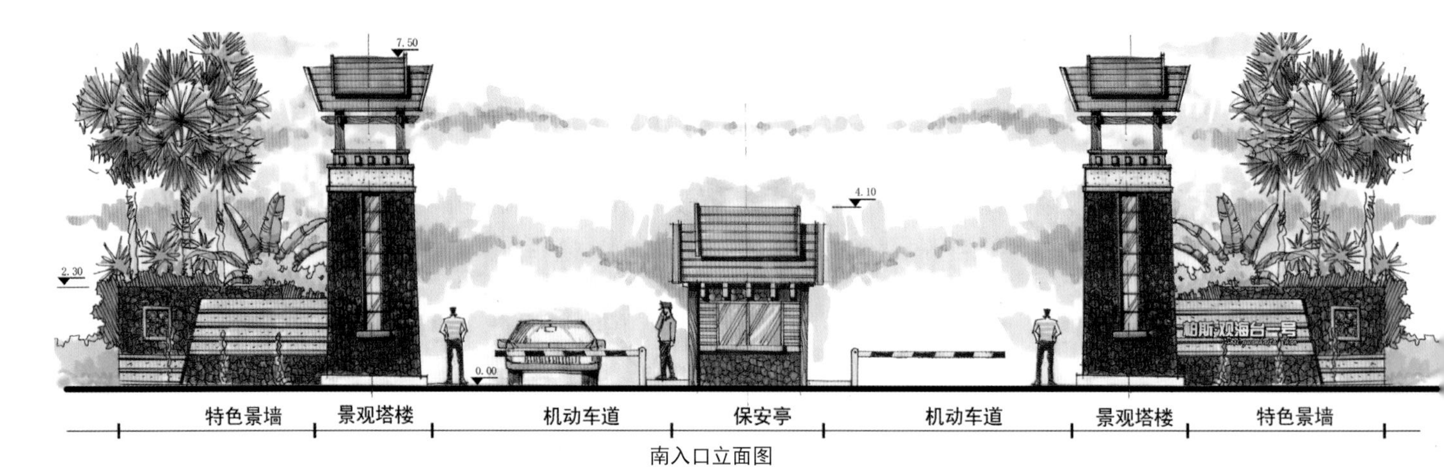

南入口立面图

柏斯·观海台一号

植物名称：凤凰木

落叶大乔木，树如其名，鲜绿的羽状复叶配上鲜红的花朵给人尤如凤凰般惊艳的感觉。树形高大，盛花期时观赏价值极高，是著名的热带观赏树种。

植物名称：水石榕

杜英科杜英属的常绿小乔木，又称为海南杜英。树形优美，花色洁白，花期长，是观花、观叶的优良庭院树种。可孤植、对植于草坪、坡地和路口等。

植物景观设计：凤凰木 + 水石榕 + 高秆蒲葵 - 散尾葵 + 小叶紫薇 + 花石榴 - 荷花 + 华南毛蕨 + 蜘蛛兰 + 朱槿 + 龙船花

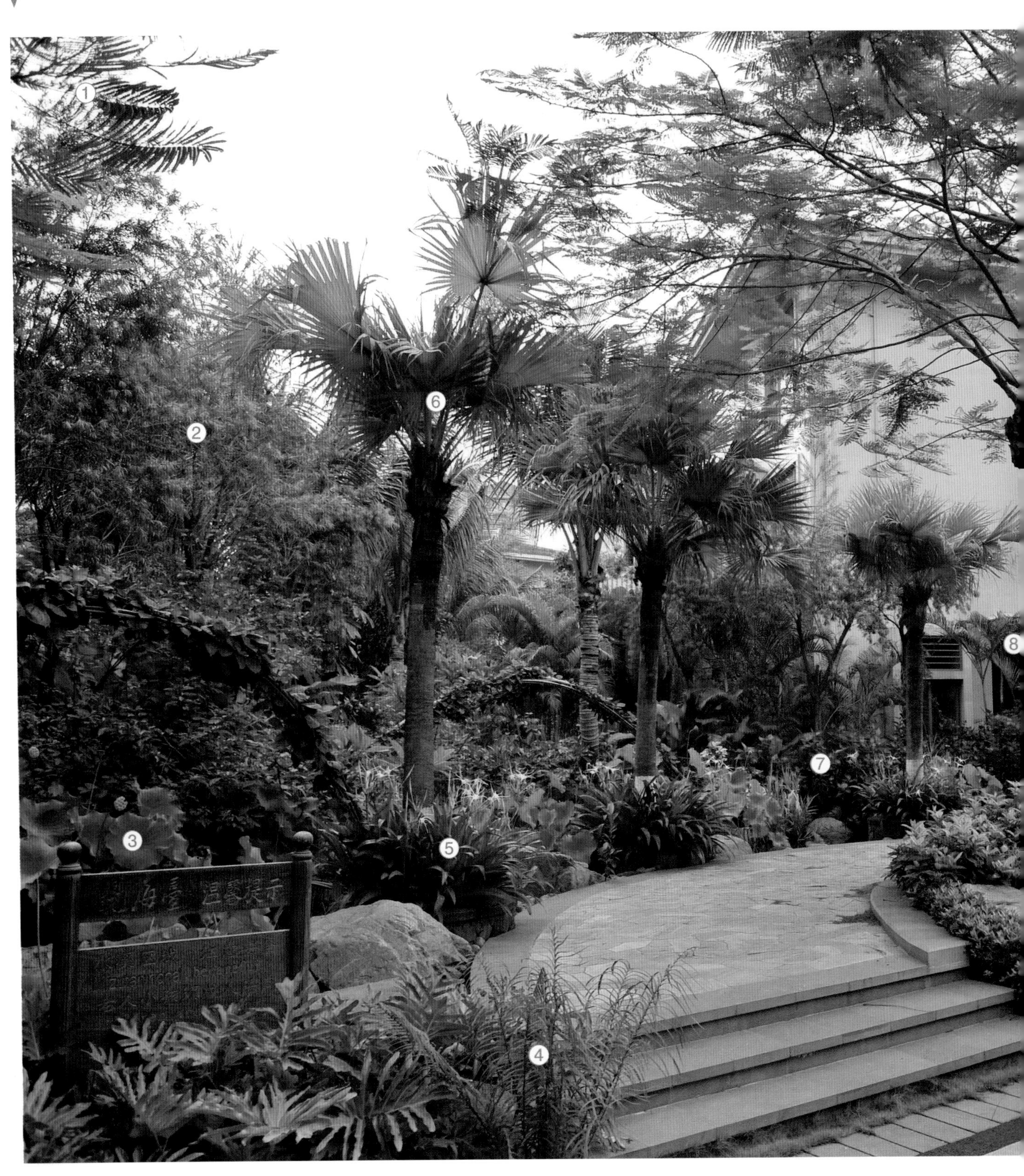

植物名称：荷花
多年生水生草本植物，挺水花卉，花期为6~9月，营造水景必选植物。荷花清新秀丽，自古以来就有“出淤泥而不染，濯清涟而不妖”的美誉，是文人墨客、摄影爱好者的心头好。

植物名称：华南毛蕨
蕨类植物的一种，一般生长在山谷密林等地，有时也可以在溪畔湿地发现它们的踪迹。喜阴植物，园林绿化中可以栽植于林下等比较荫蔽的环境，覆盖地被，美化地表。

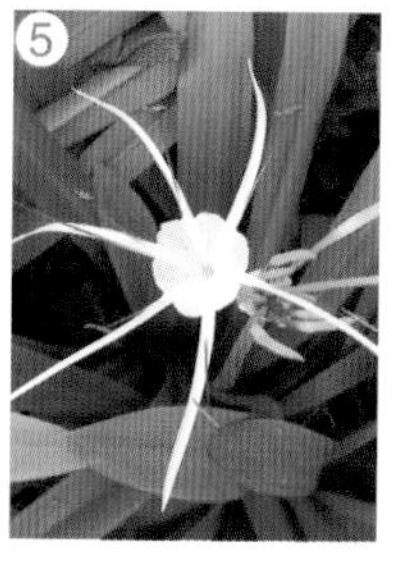

植物名称：蜘蛛兰
又名水鬼蕉，喜温暖湿润的气候，不耐寒。蜘蛛兰植株形状别致，花色洁白，花形飘逸，适宜用来点缀和装饰花坛、花境等。

植物名称：高杆蒲葵
单杆直立挺拔，树冠形状似伞，四季常绿，是营造热带风情景观的重要植物。可栽植于公园、景区、道路两旁。也可与其他棕榈科植物如海枣、针葵、红铁树和鱼尾葵等搭配栽植。

植物名称：朱槿
常绿灌木，花大且色彩艳丽，花期较长，是常见的园林景观木本植物。可孤植、对植、列植或群植于公园、草坪。

植物名称：散尾葵
丛生常绿小乔木，茎杆光滑，羽状复叶叶形优美、飘逸。可与其他棕榈科植物搭配栽植一同营造热带景观风景。较常见栽植于草地、宅旁。

植物名称：紫薇
落叶小乔木，又称为痒痒树，树干光滑，用手抚摸树干，植株会有微微抖动，红花紫薇的花期是5~8月，花期较长，观赏价值高。

植物名称：花石榴
枝繁叶茂，花期长，花大色艳，果实亮丽、繁多，挂果时间长，也具有较高的观赏价值。

植物名称：狐尾椰

棕榈科常绿乔木，也被称为狐尾葵，树形优美，叶如狐尾，适合列植、丛植或群植于草坪一隅。

植物名称：铁刀木

豆科常绿乔木，木质材质坚硬，刀斧不易劈开，因此得名铁刀木。花期较长，枝叶茂密，叶色翠绿，是园林绿化的良好材料。

植物名称：黄蝉

花期为5~6月，花朵大，花色黄色，植株有毒，可栽植于公园、山坡等地。

植物景观设计：狐尾葵 + 铁刀木 + 银海枣 + 弯杆椰子 + 旅人蕉 + 椰子 - 散尾葵 + 黄蝉 + 马尾铁 + 芦竹 + 鸡蛋花 + 鸟巢蕨 + 风车草 - 菖蒲 + 铜钱草 + 荷花 + 龟甲冬青

点评：此处为居住区景观的视觉中心，以水文化作为景观主题，其中滨水设计和水中的绿岛充满了趣味性及多样性。

整个中心景观区以水、景石为景观符号，营造出美丽的居住区中心景观，从而满足都市人回归自然的需求，增加了社区景观的亲和力。

植物名称：马尾铁
叶片纤细，叶色红艳美丽，是园林和盆栽常用的观叶植物。

植物名称：芦竹
多年生大型草本植物，高大直立，常用于水岸河畔绿化，富有野趣。

植物名称：菖蒲
多年生水生草本植物，挺水花卉，花期为7~9月，花较小，黄绿色，常栽植于沼泽、溪边，是营造湿地公园水景和仿原生植物景观的优良水生植物材料。

植物名称：弯杆椰子
棕榈科椰子属常绿乔木植物，株形高大，叶片巨大浓绿，主干弯曲，别有风韵。

植物名称：鸡蛋花
落叶小乔木，也称为缅栀子。枝干光秃、自然弯曲，花外围为乳白色，中心为淡黄色，花香浓郁，夏季为盛花期，景致优美。鸡蛋花适合栽植于庭院和草坪，也可与其他景观树搭配栽植。

植物名称：椰子
常绿乔木，是营造海岛椰风的主要景观树种。树形优美，可列植于道路两旁作行道树。果实硕大，有消暑败火的作用，具有较高经济价值。

植物名称：鸟巢蕨
多年生常绿草本植物，因其植株形态类似鸟巢而得其名。叶片密集，色彩翠绿，姿态奇特优美。可制作成吊盆观赏，也可栽植于大树树干和树枝间，营造原生林效果，富有野趣。

植物名称：风车草
叶片伞状，茎杆挺拔，常种植于水边、湖畔，或与假山、湖石相配，由于其四季常青且叶形独特，是水景中常用的观叶植物。

植物名称：龟甲冬青
常绿小灌木，多分枝，小叶密生，叶形小巧，叶色亮绿，具有较高的观赏价值。

↑ 植物景观设计：垂叶榕＋旅人蕉＋椰子＋狐尾椰＋银海枣－水生美人蕉＋铜钱草＋黄蝉＋芦竹＋再力花＋荷花＋菖蒲＋变叶木＋鹅掌柴＋肾蕨

点评：该设计沿组团主路设置了带状自然水系，灵动的曲线形流水景观与组团建筑相互渗透，同时利用不同形式的、模拟自然的驳岸来组织滨水空间，结合精心设计的别墅亲水木质平台，为业主提供了一个休憩场地，也促进了邻里之间的交往。

植物名称：鹅掌柴
是较常见的盆栽植物，也可栽植于林下，营造不同层次的园林景观。

植物名称：水生美人蕉
多年生草本，花有粉色、黄色或红色，可用于浅水绿化，观赏性佳。

植物名称：铜钱草
多年生草本植物，叶柄纤细柔弱，叶片翠绿圆润似小型荷叶，也像古时的铜钱，生性强健，生长速度快，是园林绿化中观赏价值较高的观叶植物。可栽植于水边、路沿，也可水培于室内观赏。

植物名称：银海枣
棕榈科刺葵属植物，耐炎热，耐干旱，耐水淹。树形高大挺拔，树冠似伞状打开，可与其他棕榈科植物搭配栽植营造热带风情景观。

植物名称：再力花
多年生挺水草本植物，植株高大美观，叶色翠绿，蓝紫色花别致、优雅，是重要的水景花卉。常栽植于水边、湖畔和湿地。

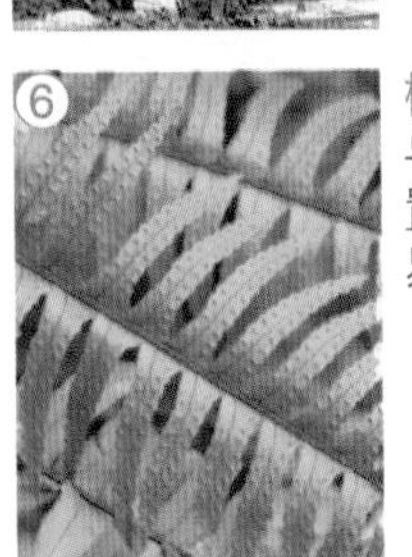

植物名称：肾蕨
与山石搭配栽植效果好，可作为阴生地被植物布置在墙角、凉亭边、假山上和林下，生长迅速，易于管理。

点评：泳池景观区设置在中心景观区的中央，与四周的自然水景完美地融合在一起，形成热闹的氛围。在阳光的照射下，波光粼粼的水面有一望无际的无极泳池的景观效果，极具魅力。游泳池主要通过休闲吧、喷水景墙、特色休闲木质平台、按摩椅以及水中树池等景观元素来营造浓厚的亚热带风情。那充满异国情调的水岸，让人们仿佛置身于美丽的海滨。

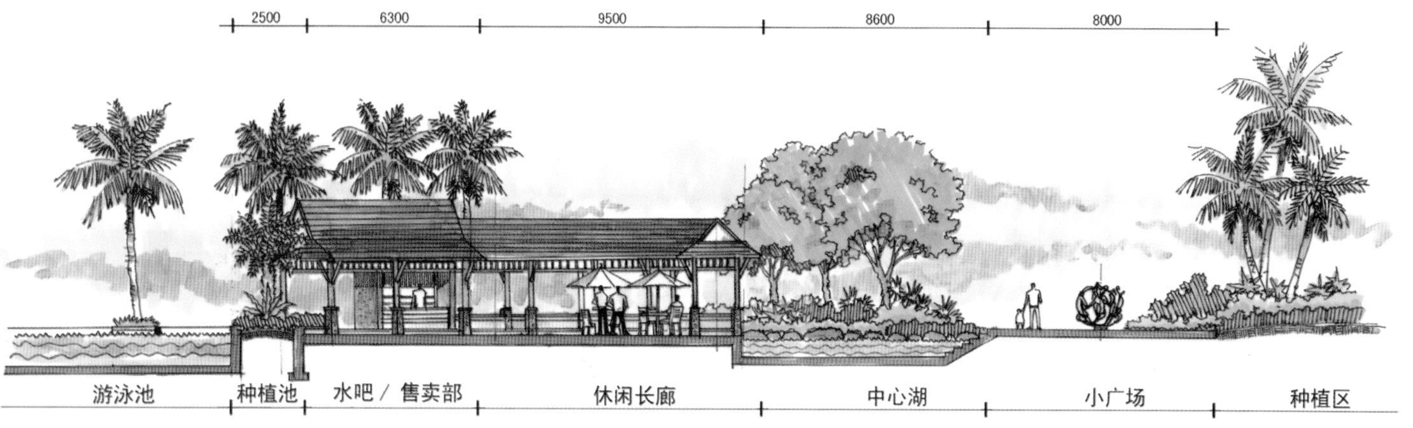
2500
6300
9500
8600
8000
游泳池
种植池
水吧／售卖部
休闲长廊
中心湖
小广场
种植区
水吧休闲广场立面图

↑ 植物景观设计：糖胶树 + 波萝蜜 + 大王椰子 - 散尾葵 + 旅人蕉 + 黄蝉 - 变叶木 + 蜘蛛兰 + 龙舌兰 + 龙船花

植物名称：糖胶树
常绿大乔木，又被称作为盆架子，树形优美，终年常绿，叶片轮生，类似鹅掌柴，可栽植于庭院内和公园，是高级园林景观树种。

植物名称：大王椰
常绿大乔木，茎杆白色且有环纹，中部膨大，是常见的热带观赏植物。大王椰较常作为热带、亚热带地区城市的行道树和庭院绿化树种，与三药槟榔、散尾葵搭配栽植效果更佳。

植物名称：波萝蜜
热带地区常绿乔木，树形整齐，冠大荫浓，果实巨大，是世界上最重的水果，成熟果实可重达几十公斤。园林中可以作行道树和庭荫树使用，但是要注意果实成熟时节，适时采摘，避免果实掉落砸伤行人和游人。

植物名称：旅人蕉
常绿草本植物，叶片硕大，状似芭蕉，株形高大而秀丽，常栽植于景墙边或山石后，与棕榈科植物搭配栽植景观效果更佳。

植物名称：龙舌兰
多年生常绿草本植物，叶片坚挺，四季常绿，与棕榈科植物搭配栽植，具有浓郁的热带风情。

植物名称：龙船花
花期较长，每年 3~12 月均可开花，花色丰富，适合栽植于庭院内或道路两旁，同时也是重要的盆栽木本花卉。

植物景观设计：糖胶树 + 美丽异木棉 + 三药槟榔 + 象腿树 + 龙血树 + 露兜树 + 蜘蛛兰 + 鹅掌柴 + 鸡冠花 + 彩叶朱蕉 + 栀子花 + 茉莉

点评：组团景观区域环境品质的高低直接反映了居住区的品位，因此在该项目中设计师也将此作为一个重点来打造，力求以精致的细节设计来展现组团景观区优秀的环境效果，从而提升居住区的整体环境形象。

植物名称：露兜树
常绿小乔木或灌木，海岸边较常见到，是营造滨海景观的优良树种。叶片扁长有韧性。小乔木树形呈三角塔状，别具风情。

植物名称：美丽异木棉
落叶大乔木，树形美丽，树冠伞状，花色鲜艳夺目，盛花期整树耀眼夺目，是优秀的园景树和行道树种。

植物名称：三药槟榔
丛生常绿小乔木，是较好的热带观叶植物，由于其外形茎杆似竹，与一般棕榈科植物不太一样，形态优美，风姿绰约，具有较高的观赏价值。适宜栽植在庭院或公园，也可栽植于草地上起点缀作用。

植物名称：象腿树
热带常绿小乔木，树干肥大似象脚，因此得名象脚树，也被称为酒瓶兰。因其树干造型独特，所以是观赏价值较高的观干观叶植物。可以用来装饰室内会场、客厅环境，也可用于园林绿化中，作为园景树栽植使用。

植物名称：鸡冠花
一年生草本植物，夏秋季开花，花多为红色，鲜艳明快，呈鸡冠状，享有“花中之禽”的美誉，是园林中著名的露地草本花卉之一，有较高的观赏价值。

植物名称：彩叶朱蕉
龙舌兰科常绿观赏灌木，叶片大且叶色斑斓。叶面有碧绿、分红、淡黄等色彩，是观赏价值较高的绿化材料。可栽植于林下或成片栽植于草坪和岸边，可与变叶木等观叶植物搭配栽植。

植物名称：栀子花
常绿灌木，喜温暖湿润的气候，适宜阳光充足且通风良好的环境。花色纯白，花香宜人，是良好的庭院装饰材料，可以丛植于墙角或修剪为高低一致的灌木带，与红花檵木、石楠等植物一同栽植于公园、景区、道路绿化区域等地。

植物名称：茉莉
常绿小灌木或藤本状灌木，花冠白色，极芳香，花期 6 ～ 10 月。

↑ 植物景观设计：琴叶榕 + 小叶榄仁 + 垂叶榕 - 芭蕉 + 龙血树 + 鹤望兰 - 变叶木 + 非洲茉莉 + 鸢尾 + 月季

植物名称：琴叶榕
桑科榕属常绿小乔木，叶片形状似琴，故得其名。其叶片生长密集，叶色浓绿，叶片革质具有光泽，是目前非常流行的一种室内装饰绿色植物，可以作为室内绿化盆栽放于会展、客厅和酒店大堂等空间开阔的地方。

植物名称：垂叶榕
常绿大乔木。小型叶片具有特色，不仅常用于室外造景中，同时也受到室内设计师的青睐，常被用来营造室内轻松的氛围。

植物名称：鹤望兰
多年生常绿草本植物，又被称为天堂鸟，叶片圆披针形，株形姿态优美而高雅，花形奇特，似仙鹤昂首而命名。栽植于庭院内和山石旁颇韵味。

植物名称：芭蕉
多年生常绿草本植物 ，叶片宽大，株形优美。栽植于庭院别有一番风味。每逢下雨时刻，便有雨打芭蕉的诗画意境。

植物名称：龙血树
常绿小乔木，树姿美观，富有热带特色。可与榈科其他植物搭配栽植营造热带风情效果，也群植于草坪。

植物名称：变叶木
灌木或小乔木，叶色奇特，各品种间色彩及叶形差异大，通常用于营造热带景观效果。

植物名称：朱瑾
常绿灌木，花大且色彩艳丽，花期较长，是常见的园林景观木本植物。可孤植、对植、列植或群植于公园、草坪。

植物名称：非洲茉莉
常绿小乔木或灌木，耐修剪，花期较长，冬夏季均开花，花香淡淡，由于其具有一定的耐修剪能力，可与部分高大乔木搭配栽植，常用于公园，也可用于家居内盆景摆设。

植物名称：鸢尾
鸢尾观赏价值较高，叶片剑形，形态美丽，花型大且美丽，较耐荫，可栽植于林下和墙角边，景观效果好。

植物名称：月季
又称“月月红”，自然花期为 5 ～ 11 月，开花连续不断，花色多深红、粉红，偶有白色。月季花被称为“花中皇后”，在园林绿化中使用频繁，深受各地人们的喜爱。

植物名称：小叶榄仁
落叶乔木，主干浑圆挺直，小枝柔软，树形优雅。可以作为庭院树或者行道树。主要分布在广东、广西、香港和台湾等地。